全新的宇宙大爆炸——

探秘宇宙的本源

沙如华 著

内蒙古出版集团

内蒙古科学技术出版社

图书在版编目(CIP)数据

探秘宇宙的本源 / 沙如华著. —赤峰：内蒙古科学技术出版社，2016.3（2022.1重印）

ISBN 978-7-5380-2651-1

Ⅰ.①探… Ⅱ.①沙… Ⅲ.①宇宙—普及读物 Ⅳ.①P159-49

中国版本图书馆CIP数据核字（2016）第057095号

探秘宇宙的本源

作　　者：沙如华

责任编辑：许占武

封面设计：永　胜

出版发行：内蒙古出版集团　内蒙古科学技术出版社

地　　址：赤峰市红山区哈达街南一段4号

网　　址：www.nm-kj.cn

邮购电话：（0476）5888903

排版制作：赤峰市阿金奈图文制作有限责任公司

印　　刷：三河市华东印刷有限公司

字　　数：88千

开　　本：700mm×1010mm　1/16

印　　张：5.5

版　　次：2016年3月第1版

印　　次：2022年1月第3次印刷

书　　号：ISBN 978-7-5380-2651-1

定　　价：38.00元

内容简介

　　《探秘宇宙的本源》一书，对宇宙运动作了全面、系统、统一的论说，从散热降温和能量耗散的共性现象出发，揭示了宇宙运动的根本内涵。提出了全新的宇宙大爆炸新概念，赋予了宇宙运动两个确切的基本主题。从温度振荡、宇宙结构、宇宙量子三大基本要素入手，对光、能量、天体运动体系及其宇宙空间的一切进行了科学的解意。同时对宇宙运动的根本动力也作出了相应的论说，对暗能量和暗物质的确切状况也作了相应的解释。

 # 序

　　为沙先生新书《探秘宇宙的本源》写序，一提笔就想到了两个字——"跨界"。

　　"跨界"成为这个时代的符号之一，因它意义重大、影响深远。手机商诺基亚用跨界灭了胶卷巨人柯达，兴了天下百姓摄像艺术的奢望。电脑商苹果灭了通讯巨头诺基亚，给天下人放大了生命的空间。企业家沙先生，跨界研究宇宙的本源、兴谁灭谁，将带给我们新的思考与启迪。待读者们看完《探秘宇宙的本源》，便可思索其中要义。

　　"路漫漫其修远兮，吾将上下而求索"，沙先生投身于此，并非作为独立个体去寻求偏好的自由境界；而是作为有灵的生命，通过与自然的互动，为生命带来更有价值与意义的思考，寻找自然界赋予生命的奖赏。身边有好友在质疑老沙谈天论地的资质，同时也为他能在国家级核心刊物上发表几十篇论文而惊叹。曾见过卖煎饼果子起家，而后投身互联网的跨界企业家；也见过能主持、会编导、懂演艺的跨界文艺人。但他们带给我的震撼却远不如这样一位企业家：跨界探索宇宙本源并取得颇受瞩目的成绩。对于"老沙现象"，仅用"天赋"一词来解读是远远不够的。几十年来，他在这条路上展现出的不懈坚持、执着精神与不屈意志，都是平常人无法企及的。而正是这些，成就了他作为一个独立个体，对于生命价值的解读。这些让我悟到，科学如果不能明了生命的本身，再先进又有什么意义呢？

　　曾拜读过沙先生《我的宇宙探索》、《黑洞》、《地球之本源探索》、《关于海底扩张的质疑》等几十篇有价值的文献。常态人们以字数

多少论文章长短，以作品篇幅来评作者才学，我倒想用跨界的度量单位来评价沙先生近百公斤的文稿，其分量不仅引起过专家和学者的关注，更让世人度得、量到、衡出生灵万物更有品质的宇宙空间。

社会要文明，文明是以不朽的作品来承载的。其背后，是作品相关的人物连接而成的一道长廊，这长廊里有你有我有他。

望《探秘宇宙的本源》与我们共同向上。

中国管理学院常务副院长

中国青少年成长教育基金副理事长

徐圣云

作者（右）与徐圣云副院长（左）合影

目　录

我的宇宙探索

宇宙运动的基本形式

宇宙运动是周期性的，现代宇宙世界的一切处在一个周期运动之中，无数个现代宇宙运动周期相连，构成了无限的宇宙运动。

在任一宇宙运动周期中，宇宙运动存在两个方面的内容：一个内容是宇宙空间温度在极限高温与极限低温间的高低振荡运动；另一个内容是物质在有形与无形间的来回变化运动。

现代宇宙运动就是宇宙无限运动过程中的一个周期。

现代宇宙的大爆炸在极限低温之中引发，通过大爆炸生成了宇宙空间的极限高温，通过宇宙的降温运动，宇宙空间温度从极限高温处返回到极限低温之中，宇宙运动终结，这就是宇宙运动的一个温度振荡周期。在极限低温生成后，大爆炸将再一次从极限低温中引发，一切将重复进行。

宇宙大爆炸发生在整个宇宙空间，大爆炸发生前，宇宙空间处在极限低温之中，所有有形的物质都化为最小的无形物质粒子，这个物质粒子本人暂称它为宇宙量子。所有的宇宙量子都平铺在整个宇宙空间，隐身在微小的点空间里，这个微小的点空间本人暂称它为宇宙黑洞，整个宇宙空间就是冰冷的虚空世界。大爆炸在极限低温中引发。

大爆炸中，隐身的宇宙量子从点空间显身，宇宙空间的温度也从极限低温处上升，当温度上升至高温极限时，大爆炸结束。大爆炸结束后的时刻，整个宇宙空间处在一个极限高温状态之中，整个宇宙充满着弥

散状态的宇宙量子，宇宙空间成为一个炽热的混浊世界。

大爆炸结束后，现代宇宙将进入降温运动之中，同时，显身的宇宙量子也将返回宇宙黑洞点空间，再一次隐身。与升温的状况不同，降温的运动中，显身在宇宙空间的宇宙量子将随降温产生相应的冷却缩聚堆积。这个冷却缩聚堆积事件的产生，影响了宇宙量子重新返回宇宙黑洞点空间的时间进程。一方面，缩聚堆积使宇宙量子返回宇宙黑洞点空间的区域变小，这将减慢宇宙量子总体进入宇宙黑洞点空间的速度，延长宇宙量子总体隐身的时间；另一方面，缩聚堆积的宇宙量子有一部分产生相应的组合，形成大于单一宇宙量子的结，这些宇宙量子结将不能直接进入宇宙黑洞点空间，这种情形将进一步延长宇宙量子返回宇宙黑洞点空间的进程，并且，随宇宙降温运动进程的推进，宇宙量子的冷却缩聚堆积也不断地发展，宇宙量子总体进入宇宙黑洞点空间的时间随之不断地延长。相对于升温进程来说，降温进程将存在一个漫长的时间间隔，这种情形造就了宇宙空间升温过程的大爆炸现象，这就是宇宙大爆炸。而这些不能同时进入宇宙黑洞点空间的剩余宇宙量子的冷却缩聚构成了今天宇宙世界中有形的物质世界。在有形的物质世界生成后，宇宙量子进入宇宙黑洞点空间的运动不会停止，一方面缩聚堆积起来的宇宙量子继续在有限的空域范围内完成自己的使命，这就形成了物质的能量耗散现象；另一方面，在降温进程中，剩余的宇宙量子、已经合成的宇宙量子结之间也不断地产生新的组合，形成越来越大的结，这些宇宙量子结就是相应的物质粒子。物质粒子的合成进程受降温进程的控制，在不同的温度环境下，将生成不同大小、不同级别的物质粒子，相应的温度值既是物质粒子生成的条件，同时也成为该级别物质粒子稳定存在的温度环境。这种情形与现代宇宙大爆炸理论关于物质粒子的合成具有类似的形式，本文不作探讨。

这就是宇宙运动的简单形式，温度的振荡运动和物质的有形与无

形的隐显运动是宇宙运动的两个基本方面,它们的一次循环构成了宇宙运动的一个周期,从这两个基本方面着手,宇宙世界的一切将有一个确定性的解释。

简单论证

1. 宇宙的散热降温运动

在现代宇宙空间,所有的能量物质都在通过各自的方式对宇宙空间散发着光和热,燃烧、爆炸、辐射等,但是经过了多少亿年的散热运动,宇宙空间的温度并没有升高,反而处在不断地下降之中,散热降温现象因此成为物质世界客观存在的一个共性现象,热力学第二定律就是对这个共性现象的说明,同时这个共性也是热力学第二定律产生的根本。从这个共性现象出发,宇宙运动的一个重要主题就是散热降温运动,这是一个无须特别证明的事件,因为散热降温现象已经是一个公认的客观存在,只需要把它提出来,放在合适的地方利用一下。

2. 极限低温

从散热降温的共性现象出发,宇宙空间的温度将处在一个持续下降的渐进之中,但这是一个没有空间方向的变量,它不能无限降低,必然存在一个低温的极限位置,这个极限位置的温度值就是相应的极限低温,极限低温的温度大小,暂时无法推测,也许就是绝对零度,也许是比绝对零度更低的负温度。

从宇宙无限运动的角度出发,要实现宇宙的无限运动必须确定一个可以进行周期运动的参考变量。从时间和空间来说,它们无法提供这样的参考,时间无始无终,既存在无限的过去,更存在无限的未来,它无限累进,不可能划分出时间周期。对于空间来说,它无边无际,无论原点O定在什么地方,空间点(X, Y, Z)的三个坐标变量都存在正反两个方向的无限延续,也不可能给出周期性的参考量。而在任一空间点上,它的温度T的大小是在原地变化的,这是一个没有空间方向的变量,无论它升高或者降低,它都无法无限发展,必然存在相应的极限位

置。因此，在低温方向上，极限位置的温度就是相应的极限低温，而在高温方向上，极限位置的温度就是极限高温。极限低温与极限高温构成了温度变化的周期属性，它是宇宙无限运动的重要参考变量，如果温度变量T也成为一个无限的变量，宇宙将无法运动，这是极限低温存在的另一个证明。

3. 极限高温

从上述温度变量T的周期属性出发，宇宙空间温度在高温方向上存在相应的极限高温，这是温度变量T周期属性确定的事件，同时也是极限低温的相对参考。没有更多的解读。

从散热降温的共性现象出发，宇宙空间它必然存在相应的即时温度状况，这个温度是散热降温的对象。如果时光回溯，宇宙空间的温度将逐渐升高，而时间存在无限的过去，但温度不可能随时光的回溯而无限升高，必然存在一个极限位置，这个极限位置的温度值就是极限高温，它也是散热降温运动的初始温度。在这个极限位置处，如果时光继续回溯，温度将不再升高，而是从极限高温状态退回到极限低温之中。这是从目前存在的散热降温的客观现象出发，对极限高温存在的进一步说明。

4. 宇宙黑洞点空间

无限的宇宙空间并不是一个整体，它是无数个极其微小的点空间堆积相连而成，就像水一样，无数水分子相互堆积构成了水体。这个极其微小的点空间没有名称，科学史上，以太曾经代表天空，而以太的组成成分是以太子，以太子也相当于点空间，在本人的宇宙探索中，这个极其微小的点空间就是一个微小的宇宙黑洞，无数个微小的点空间就是无数个微小的宇宙黑洞，它们的集合体构成了一个无限的宇宙黑洞背景结构体系。

宇宙黑洞不是一个真正的洞，它就是一个极其微小的点空间，而在广泛的宇宙空间温度现象无处不在。点空间是宇宙空间的一个组成部分，它同样存在相应的温度状况，因此，点空间就成为温度存在的依

托，从点空间的温度现象出发，它就像一个温度井，温度的大小就是井口的高度，而极限低温就是这个温度井的底，这种情形相当于一个洞的形式，因此本人称这个点空间温度井为宇宙黑洞。

5.宇宙量子

从客观存在的物质世界出发，物质是由各种物质粒子相互结合而成，而大粒子是由小粒子相互结合，但物质世界的生成不是物质自身能够决定的事，它取决于宇宙空间的温度状况，从现代宇宙散热降温的主题出发，随时光的回溯，宇宙空间的温度将向高温方向回复，随着空间温度的升高，物质世界的物质将逐渐膨胀离散开来，在极限高温处，物质离散出最基本的微小粒子，它是一个不可再分解的粒子，是组成物质的最基本成分，它比夸克更小，本人暂时称它为宇宙量子，这是从物质生成的的角度出发，反向推导出的最小的物质粒子。

从散热降温的客观现象出发，能量物质通过各自的方式在进行着相应的能量耗散活动。但是，在能量耗散中，物质世界的能量物质逐渐减少，这些消失的能量物质到哪里去了，这是一个问题，它既没有生成新物质，也没有储藏相关能量，虽然发出了光和热，但宇宙空间的所有物质都在发出光和热，宇宙空间也没因此而升温变热，唯一的解释只能是能量物质转化为一种特殊的粒子，这些特殊的粒子隐身到宇宙空间背景结构中，这与物质生成时的状态相互呼应，这个隐身的粒子就是本书的宇宙量子。

宇宙的散热降温运动，极限低温，极限高温，宇宙黑洞点空间，宇宙量子是从现代宇宙空间客观存在的能量耗散与散热降温的共性现象推导得出的结论。从这些探索出发，本人结合宇宙运动的基本形式，宇宙空间许多的客观存在都拥有了确切的衍生路径。下面本人就一些基本的自然现象作一点简单的探索。

1.宇宙运动的能量探索

宇宙空间的降温运动是宇宙运动的主题，在这个降温运动中，极限低温处在主导地位，它对宇宙的降温运动具有绝对的控制作用，因为物

质世界通过燃烧、爆炸、辐射等方式向宇宙空间散发光和热,但宇宙空间并没有产生升温变热的现象,反而处在一个持续的降温进程中,这说明,降温是一个主题,具有主导作用。即使通过人为的方式制造相应的热量状况,热量也会很快消失,热力学第二定律就是散热降温自然现象的证明。这样的状况在形式上导致了极限低温的负能量吸引作用,这个吸引作用构成了宇宙空间极限低温的引力源作用,而引力源作用也可以看成是正能量对低温方向的热压力作用。这是一个看不见、摸不着的能量状况,它充满整个宇宙空间,它控制着整个宇宙的运动状况,它就是现代科学上的暗能量。暗能量并不暗,只是它布满整个宇宙,它是宇宙背景上的温度能量状况,物质世界的能量状况与它共存,它无法用一般的方法直接探索,只能从散热降温这个最基本的现象入手来了解它、认识它。如果把宇宙空间比作大海,宇宙空间的温度状况就是大海水面的高度现象,在海水平面上的船只是无法感知海水平面高度变化的,宇宙空间的背景温度能量状况类似于大海水平面的能量现象,这就是暗能量的简单形式,地球的重力作用在形式上相似于极限低温的引力源作用。这也是宇宙空间温度能量的生动写照。

2. 物质的探索

宇宙运动的第二个内容就是物质在有形与无形间的来回变化,宇宙量子极其微小,它处在微小粒子的顶端,它是物质的最基本成分。宇宙黑洞是极其微小的点空间,宇宙量子的大小与宇宙黑洞点空间大小相匹配,单个的宇宙量子可以无阻尼自由出入宇宙黑洞点空间,这是宇宙运动关于物质的关键。这个自由出入宇宙黑洞点空间的宇宙量子就是无形的物质粒子,在宇宙的降温运动进程中,宇宙量子始终进行着进入宇宙黑洞点空间的返回活动,这种状况带来了极限低温的引力源作用对宇宙量子的吸引作用,单个的宇宙量子无法在宇宙黑洞点空间外面独立存在,一旦生成,将快速没入宇宙黑洞点空间之内,形成宇宙量子在宇宙空间的隐身,不留下任何痕迹,这就形成了宇宙量子在宇宙空间的无形现象,这些隐身在宇宙黑洞点空间的宇宙量子形成了宇宙空

间的暗物质现象。就像暗能量一样，暗物质并不是暗，它是相对于有形的物质来说，是无形的，所以把它称为暗物质。大爆炸后降温运动进程中，剩余宇宙量子在降温中收缩堆积，其中部分宇宙量子间相互结合生成大于单一宇宙量子的结，宇宙量子的堆积不断缩小进入宇宙黑洞点空间的面积，而宇宙量子结也不能直接进入宇宙黑洞的点空间中，它们留在了宇宙黑洞点空间上，无形的宇宙量子在降温中缩聚结合成了有形的物质粒子，众多有形的物质粒子相互堆积构成了现代宇宙的物质世界。

宇宙量子与宇宙黑洞点空间相匹配，它可以自由地在这个点空间隐显，宇宙黑洞点空间就像是极限低温和极限高温间的通道，宇宙量子通过这个通道来回运动。在升温进程中，宇宙量子在广泛的宇宙空间利用了全部通道，而在降温进程中，宇宙量子仅利用了部分通道，这种状况缘于散热降温、冷却缩聚的基本物理原理，这也造就了宇宙运动快速的升温现象和较慢的降温进程，这就是宇宙大爆炸现象产生的根本原因。

物质是未及同时进入宇宙黑洞点空间剩余宇宙量子缩聚的产物，但它不是宇宙运动的目的，只是宇宙降温运动进程中的一个中间产物。如果没有冷却缩聚的基本原理，宇宙量子将在广泛的宇宙空间同时进行隐身活动。由于冷却缩聚，宇宙量子在降温进程中聚集起来，构成了有形的物质世界。在有形的物质世界中，只有部分宇宙量子结合成有形的物质粒子，其余的宇宙量子填充在各级粒子的内部间隙间，成为各级粒子内部的结构能。它们是无形的，它们的存在是宇宙量子进入宇宙黑洞点空间的储备物质，它们保持了相应空间的温度，构成了物质自身的余热温度，它们数量的多少构成了物质的质量状况。在物质世界形成后，宇宙量子进入宇宙黑洞点空间的现象集中到物质世界自身，储备的宇宙量子是能量继续耗散的第一对象，这就是物质自身客观存在的热辐射。当相应空间储备的宇宙量子不能满足能量耗散的需求量时，就会引起有形物质粒子的解体，从而释放出内部相应的宇宙量子，这个过程中，大粒子解体释放出内部的小粒子，而小粒子是在较高的温度环境

合成的，对低温环境具有较强的活动特性，它具有一定的不稳定性，这就是物质的放射性衰变。这就形成了物质世界能量物质耗散的基本状况。从这个现象出发，能量耗散现象发生在所有能量物质自身，这就是物质世界存在能量耗散共性现象的根本。

3.物质世界的运动体系

宇宙量子无阻尼进出宇宙黑洞点空间，不会产生任何运动现象，而宇宙量子结它不能直接进入宇宙黑洞点空间，只能停留在宇宙黑洞点空间点的外面等待时机。极限低温引力源对相应空间的宇宙量子时刻存在吸引作用，这个吸引作用时刻牵动着组成宇宙量子结的宇宙量子，在这个牵动作用下，宇宙量子结向宇宙黑洞点空间内产生运动，这就形成了宇宙量子结在宇宙黑洞点空间外向内的转动现象，这个转动现象就是物质粒子的自旋。物质粒子的自旋从物质粒子生成开始就随之伴生的，物质粒子的生成和物质粒子的自旋，相互伴生，它们都是极限低温引力源作用下降温导致的必然结果，这也是物质的运动属性的最终归宿。宇宙大爆炸后，宇宙量子在降温中缩聚堆积，在缩聚堆积的宇宙量子中，部分宇宙量子相互组合形成大于单一宇宙量子的结，这些宇宙量子结就是相应的物质粒子。

从最初的物质粒子生成开始，运动现象随即伴生。在物质粒子生成早期，物质粒子的合成以宇宙量子的多少为主，这是第一代物质粒子。在广泛的宇宙空间，由于存在强大的高温能量压力，所有粒子定向排列组合，在广泛的宇宙空间形成了一个无限巨大的粒子集合体。由于宇宙空间的高温能量压力是有限的，在降温进程中，这个有限的高温能量压力的影响存在一定的空间范围，在这个范围内的第一代粒子形成了一个粒子集合体。这个粒子集合体在形式上相当于一个巨大的亚原子粒子，配合物质粒子的自旋，这个巨大的粒子集合体将在宇宙空间产生相应的转动，这就是第一级宇宙基本运动体系。这个状况是在无限的宇宙空间同时进行的，因此，无限的宇宙空间由此分化出众多的第一级宇宙基本运动体系。第一级宇宙基本运动体系都是相同的，它们均匀分

布在无限的宇宙空间。

　　从第一级宇宙运动体系生成开始，随后的宇宙运动就在各自的运动体系内进行，所有的第一级宇宙运动体系在宇宙运动进程中一方面原地自己转动，另一方面不断缩小相应的运动空间，各个体系进行着同样的宇宙运动，各不相干。

　　随着降温进程的推进，第一级宇宙运动体系内的物质粒子继续进行相应的组合，大的、新的物质粒子开始生成，它们的种类开始逐渐增多，在高温能量压力下，同种粒子或者物理特性相近的粒子继续新的排列组合，在第一级宇宙运动体系内形成新的粒子集合体。它们依然类似于相应的亚原子粒子，配合粒子的自旋。它们在第一级体系内形成了第二级宇宙运动体系，第一级宇宙运动体系由此分化出众多的第二级宇宙运动体系。第二级宇宙运动体系不同于第一级宇宙运动体系，一方面，第二级宇宙运动体系是第一级宇宙运动体系分化而来，从中心部位到边缘部位存在相应的能量差别，物质粒子也开始向多样化发展。第二级宇宙运动体系是由不完全相同的物质粒子组合而成，这就造成了第二级宇宙运动体系物质粒子不完全相同的能量状况。另一方面，第二级宇宙运动体系存在自身的旋转运动——自转，同时它又具有第一宇宙运动体系的运动状态，这个运动状态就是第二宇宙运动体系的公转。从这个形式出发，随着降温进程的继续推进，第二级宇宙运动体系内也将继续进行相似的分化，生成第三级宇宙运动体系。以此类推，直到单个天体运动体系的生成，宇宙运动体系的建立活动结束。由于初始物质存在各自的差异，到单个天体运动体系的建立，在第一级宇宙运动体系内生成了众多差异巨大、各不相同的天体现象，这就是今天多彩宇宙世界的唯一来源。在宇宙运动体系建立的进程中，降温进程决定物质粒子生成的进程，极限低温是降温进程的唯一动力源，没有这个动力源，物质粒子就不能通过降温来生成，同时也就不存在相应的旋转活动。对于天体世界来说，围绕中心的转动必然存在相应的离心力，没有这个运动中存在的离心力作用，物质世界将在降温进程中缩聚到一起，为了平衡这

个离心力，这才导致了万有引力现象的诞生。在第一级宇宙基本运动体系内，万有引力现象处处存在，它是宇宙运动降温进程中，极限低温引力源作用的结果，万有引力只在第一级宇宙基本运动体系内有效，对自身运动体系之外的空间不产生任何影响，所有的第一级宇宙运动体系是平等的，宇宙空间在这个尺度上是均匀的、平直的。

4. 力

物质的生成、物质的运动、万有引力的产生都是在降温之下带来的现象，它的实质就是降温之下，物质间的冷却凝聚，所有的力都是冷凝聚力，没有降温状况就没有相应的力现象。万有引力是宏观尺度的凝聚力，强力是微观尺度的凝聚力，它们是与降温方向垂直的作用，就像水面下水体侧向间的压力状况。引力源吸引宇宙量子进入宇宙黑洞点空间，这个吸引作用就是相应的弱相互力，它是与降温方向平行的作用，它是水体所受到的地球引力作用，电磁力就是温度能量场的波动力，它是物质结构形式对温度能量场的影响力，它在形式上相当于水波的作用状况，详细情形另行探索，这就是力的基本状况。

从宇宙空间客观存在的共性现象出发，本文对宇宙世界的运动作了一个简单的探索，从有限的周期运动到无限的宇宙运动，从温度的高低振荡状况，到物质有形与无形的变化状况，对暗能量、暗物质，对宇宙空间温度变化能量场，对宇宙的宇宙黑洞点空间结构及宇宙的黑洞点空间结构体系，都作了简单的说明和论证，是否具有一定探索意义，有待进一步的求证。

暗能量与暗物质的探索

　　暗能量和暗物质是一种不可见的、能推动宇宙运动的能量，宇宙中所有的恒星和行星的运动皆是由暗能量与万有引力来推动的。1915年，爱因斯坦根据他的相对论得出推论：宇宙的形状取决于宇宙质量的多少。他认为：宇宙是有限封闭的。如果是这样，宇宙中物质的平均密度必须达到每立方厘米5×10^{-30}克。但是，迄今可观测到的宇宙的密度，却比这个值小1/100。也就是说，宇宙中的大多数物质"失踪"了，科学家将这种"失踪"的物质叫"暗物质"。

　　1932年，美国加州工学院的瑞士天文学家弗里兹·扎维奇最早提出证据并推断暗物质的存在。弗里兹·扎维奇观测螺旋星系旋转速度时，发现星系外侧的旋转速度较牛顿重力预期得快，故推测必有数量庞大的质能拉住星系外侧组成，以使其不致因过大的离心力而脱离星系。

　　弗里兹·扎维奇发现，大型星系团中的星系具有极高的运动速度，除非星系团的质量是根据其中恒星数量计算所得到的值的100倍以上，否则星系团根本无法束缚住这些星系。

　　21世纪初科学最大的谜是暗物质和暗能量。暗物质存在于人类已知的物质之外，人们知道它的存在，但不知道它是什么，它的构成也和人类已知的物质不同。在宇宙中，暗物质的能量是人类已知物质的能量的5倍以上。暗物质的总质量是普通物质的6.3倍，在宇宙能量密度中占了1/4，同时更重要的是，暗物质主导了宇宙结构的形成。暗物质的本质还是个谜。科学家认为，整个宇宙有84.5%是由暗物质构成，但一直未能证明其存在。已有不少天文学家认为，宇宙中90%以上的物质是以

"暗物质"的方式隐藏着。天文学家们称，根据当前一些统计资料显示，我们平常看不见的暗物质很可能占有宇宙所有物质总量的95%，而人类可以看到的物质只占宇宙总物质量的不到10%。

暗能量是什么，暗物质又是什么，多少年来，一直未有中肯的科学定论，在此，根据笔者的宇宙探索对这个问题作一些简单的讨论。

什么是暗能量，暗能量就是宇宙空间温度降低的趋势形成的一个能量，简单地说，这个降温的趋势类似于地球表面物体从高处下落的状况，降温现象处处存在，因此暗能量充满整个宇宙空间。下面对这个降温的现象作一些简单的探索。

在现代宇宙空间，有一个普遍存在的共性现象，就是宇宙空间能量耗散与散热降温，这是一个广泛存在的客观自然现象，并且，由于它太普遍了，它没有能够引起人类对它的重视，从这个客观的自然现象出发，笔者探索出一个宇宙运动的基本形式，下面对这个形式作一点简单的说明。

宇宙运动存在两个方面的内容：一个内容是宇宙空间温度在极限高温与极限低温间的高低振荡运动；另一个内容是物质在有形与无形间的来回变化运动。

在现代宇宙空间，所有的能量物质都在通过各自的方式对宇宙空间散发着光和热，燃烧、爆炸、辐射等，但是经过了多少亿年的散热运动，宇宙空间的温度并没有升高，反而处在不断地下降之中，散热降温现象因此成为物质世界客观存在的一个共性现象。热力学第二定律就是对这个共性现象的说明，同时这个共性也是热力学第二定律产生的根本。从这个共性现象出发，可以直接推导出宇宙运动的一个重要主题就是散热降温运动，对于当前的科学发展进程来说，这应是一个无需特别证明的事件，因为散热降温现象已经是一个公认的客观存在，只需要认真地把它提出来，就可以了。

从散热降温的共性现象出发，宇宙空间的温度将处在一个持续下降的渐进之中。但是，温度是一个没有空间方向的变量，它只能在空间的任意点上原位置高低变化，科学上称其为标量。与空间方向不一样，当它降低时，它不能无限降低，必然存在一个低温的极限位置，这个极限位置的温度值就是相应的极限低温。极限低温的温度大小，暂时无法推测，也许就是绝对零度，也许是比绝对零度更低的负温度。

从散热降温的共性现象出发，宇宙空间它必然存在相应的即时温度状况，这个温度是散热降温的对象。如果时光回溯，宇宙空间的温度将逐渐升高，而时间存在无限的过去，但温度不可能随时光的回溯而无限升高，必然存在一个极限位置，这个极限位置的温度值就是极限高温，它就是散热降温运动的初始温度。这是一个与极限低温相对应的状况，在这个极限位置处，如果时光继续回溯，温度将不再升高，而是从极限高温状态退回到极限低温之中。

在这里，从极限高温退回到极限低温的状态是一个关键，通过这样的方式，温度的变化具有了周期变化的形式，它成为宇宙无限运动的一个关键，如果不这样，宇宙运动将无法进行。温度的运动是在空间点上原地高低变化的，它没有相应的空间方向，这也是宇宙空间唯一没有方向的变量，只有它可以进行周期性变化运动，这个温度的周期属性为宇宙的周期运动提供了唯一的机会，当无数个温度振荡周期相连时，无限的宇宙运动随之形成。

这是从能量耗散与散热降温的客观现象的角度入手，经过简单的推导得出的结论，这是宇宙运动的自发现象，对于这个自发运动，只能探索是什么，无法探索为什么。在这个降温运动中，极限低温处在主导地位，因为散热降温现象是自发进行的，它的主导作用形成了天然的吸引作用，它要求宇宙空间温度始终处于极限低温之中，只是因为物质世界的存在，才影响了极限低温的生成。物质世界通过燃烧、爆炸、辐射等方式向宇宙空间散发了光和热，但宇宙空间并没有产生升温变热的现象，反而处在一个持续的降温进程中，这说明，降温是一个主题，具有主导作用。即使通过人为的方式制造出相应的热量状况，热量也会很快消失。热力学第二定律就是散热降温自然现象的证明。这种热量

消失,空间温度不断降低的运动现象在形式上导致了极限低温对于一切高温状况的吸引作用,这个吸引作用构成了宇宙空间极限低温的引力源作用,这个引力源作用一方面可以看成冷的负能量对热的正能量的负压吸引作用,另一方面也可以看成是热的正能量对冷的负能量的热压力作用。这是一个看不见、摸不着的能量状况,但它充满整个宇宙空间,它控制着整个宇宙的运动状况,它就是现代科学上的暗能量。

温度下降的趋势构成了相应的能量现象,温度现象充满整个宇宙空间。当人类对物质的现象重视并感兴趣时,对这个温度现象产生了相应漠视状况。如果仅从有形物质世界存在的角度来看,温度的能量现象就是一个未知的暗能量,它布满整个宇宙,它是宇宙背景上的温度能量状况,物质世界的能量状况与它共存,它无法用一般的方法直接探索,只能从散热降温这个最基本的现象入手来了解它、认识它。如果把宇宙空间比作大海,宇宙空间的温度状况就是大海水面的高度现象,在海水平面上的船只是无法自我感知海水平面高度变化的,宇宙空间的背景温度能量状况类似于大海水平面的能量现象,这就是暗能量的简单形式,地球的重力作用在形式上相似于极限低温的引力源作用。这也是宇宙空间温度能量的生动写照。

宇宙空间温度的下降,是在整个空间同时进行的,如果没有物质存在的影响,空间温度处处相等,无论温度大小,空间温度面是平的,宇宙空间相当于是一个平直的空间,极限低温的引力源将使这个温度不断地向低温方向运动。由于物质世界的存在,由于物质自身拥有相应的余热温度,它们将影响相应空间的降温进程,一方面,有物质存在的空间温度高于没有物质存在的空间温度,平直的温度面上因物质的余热产生了相应的凸起;另一方面,引力源的吸引作用吸引能量物质向宇宙黑洞点空间内运动,这个运动形成了能量物质对温度面的撞击,使撞击部位的温度向低温方向回落,平直的温度面由此形成了相应的凹陷,温度面的凸起和凹陷是能量耗散对平直温度面的影响的两个方面,凸起的温度在引力源作用下向低温回复,通过温度的高低振荡在空间传播扩散,形成了相应的波动现象,成为可以探测的光现象,而温度面的凹陷则是凸起温度的对应状况。一个类似的比喻,一块石头投入水中,石头入水时,必然对水面产生相应的撞击,撞击部位的水面根据石头的大小产生相应范围的凹陷现象,凹陷的外围,伴生出相应的凸起,在重力均衡作用下,凸起的水面产生相应的回落,这个回落将在重力作用下超过凸起时的平面,产生新的凹陷现象,而凹陷的外围再次引起相应的凸起,以此类推,当这个现象在水面扩散传播时,就形成了相应的波动现象。地球引力现象与水面的高低变化状况是极限低温引力源作用与空间温度变化状况的简单对照,在没有探索出地球引力现象之前,地球的引力是不为地球人所知晓的,也相当于一种暗能量,同样在没有把降温运动的趋势作为一个能量状态来看待一样,这个趋势能量就是暗能量。

对于物质世界来说,由温度下降趋势形成的暗能量对物质存在绝对的影响和控制作用。当温度升高时,物质因受热而膨胀,在高温中产生相应的解体,而随温度的降低,物质在降温中不断地冷却缩聚。这是物质来源的根本,更是一个在整个宇宙空间广泛存在的基本原理。通过降温,物质间生成了一个作用力,这个力就是冷却下的凝聚力,这个凝聚力与物质的生成相互伴生,这个凝聚力在不同的范围内形成了不同的表现现象。从宏观的角度看,凝聚力就是物质世界普遍存在的万有引力,如果没有宇宙天体运动体系的生成,宇宙空间所有的物质将缩聚成一个天体;从微观的角度看,凝聚力就是物质内部的结构力,更深入的状况另文讨论。

什么是暗物质,从现代科学已有的探索出发,暗物质就是对失踪物质的统称,没有明确的定义。在笔者的探索中,暗物质是能够隐身在宇宙空间的微小物质粒子,笔者取名宇宙量子,下面对暗物质的状况作一些简单探讨。

当物质世界通过燃烧、爆炸、辐射等方式,对宇宙空间散发光和热的时候,一方面,宇宙空间并没升温,也没有变热,这导致了宇宙运动

的散热降温运动；另一方面，物质世界在这个降温运动中，物质在总的数量上不断减少，但它们没有生成新的、看得见的有形物质，而是凭空消失了，这就形成了能量物质的自我耗散，也就说，有形的物质通过耗散运动消失了，这个消失就是物质从有形转化为相应的无形，这个无形的物质就是科学家们所说的"暗物质"。怎样认识这个无形的物质，是探索暗物质的关键，在这里先打一个简单的比喻，能量物质的耗散在形式上相当于把石头扔进水里，但真正的状况没有这样简单。

无限的宇宙空间是无数个极其微小的点空间堆积相连而成，就像水一样，无数水分子相互堆积构成了水体。这个极其微小的点空间没有名称，科学史上，以太曾经代表天空，以太子相当于点空间，在本人的宇宙探索中，这个极其微小的点空间就是一个微小的宇宙黑洞，无数个微小的点空间就是无数个微小的宇宙黑洞，它们的集合体构成了一个无限的宇宙黑洞背景结构体系。

宇宙黑洞不是一个真正的洞，它就是一个极其微小的点空间，而在广泛的宇宙空间温度现象无处不在，点空间是宇宙空间的一个组成部分，点空间与相应的温度状况共存，因此，点空间就成为温度存在的依托，从点空间的温度现象出发，它就像一个温度井，温度的大小就是井口的高度，而极限低温就是这个温度井的底，这种情形相当于一个洞的形式，因此本人称这个点空间温度井为宇宙黑洞。这个井口上就是点空间的表面，它存在相应的温度表现状况，是可见空间，而井口下则是点空间的内部，是温度表现的背面，没有温度现象，它是一个虚空间状态，就像水平面一样，我们可以直接看到水体表面的状况，却无法直接看清水面以下的状况。

宇宙黑洞点空间结构体系充斥在整个宇宙空间，所有点的温度相连构成一温度体系。对于立体的空间来说，温度现象没有方向，是标量。从这个状况出发，为直观地看待空间温度的变化状况，可以把立体的温度体系作为温度平面来看待，温度现象由此简化为这个温度面的高度状况，这个温度面就是宇宙黑洞点空间背景结构体系温度面。在极限低温引力源作用下，宇宙背景结构体系温度面的温度始终处在向低温方向的回落之中，这个回落的能量构成了宇宙空间的暗能量，这个暗能量充满整个宇宙空间，它是物质能量耗散与空间散热降温的动力源，当不考虑物质存在的时候，这个暗能量也就是真空能量。

宇宙黑洞点空间背景结构体系温度面存在相应的温度状况，当这个温度面的温度发生高低变化时，引力源的吸引必将保持温度面处于最低的平面状态，这将使变化的温度向均衡位置回复，这个回复带来了温度的高低振荡，当这个振荡现象在温度面上扩散时，形成了相应的波动现象，这个波动现象就是目前人类熟悉的光。类似于地球的海平面一样，当水面的高低产生变化时，地球引力的重力均衡作用将使水面产生高低振荡现象，并在水平面上扩散开来，形成了相应的波动。如果高低振荡的现象不扩散，一方面不会产生相应的波动现象；另一方面，这个振荡现象就不会被外界所发现。对于温度面的波动来说，目前只有光与它最匹配。

对于宇宙黑洞点空间来说，它虽极其微小，但它是真实的点空间，温度的大小就是它的外在表现。相对于外在表现来说，它必然存在相应的内在状况，当温度成为可见的外在表现时，内在状况则成为不可见的，这就形成了点空间的视界现象。从宇宙背景结构体系温度面出发，光是温度面的波动，温度面就成为相应的视界面，视界面上的一切都存在相应的温度及变化状况，是可见的，视界面下的一切就成为不可见的。

从宇宙空间宇宙黑洞点空间的结构出发，它虽然极其微小，但它是一个真实的点空间，当一个比它更小的物质粒子置身于这个空间时，自然成为看不见的物质粒子，这就是物质粒子隐身的无形现象。无形现象并不是这个粒子没有了，而是物质粒子小到一个极限状况，它小于宇宙黑洞点空间，在引力源作用下，它镶嵌进宇宙黑洞点空间，在宇宙空间形成了相应的隐身现象，这个物质粒子就是相应的暗物质。这个极小的物质粒子没有进入今天科学已经探测到的物质粒子序列中，它处在物质粒子的顶端,它比夸克更小,本人暂时称它为宇宙量子。宇宙量子是组成物质的基本成分,它极其微小,它与宇宙黑洞点空间的大小相匹配,在极限低温引力源作用下,单个的宇宙量子无法独立存在,一旦生成,将快速没入宇宙黑洞点空间中,在视界上消失,这种状况造成宇宙量子是无法探测的。当能量物质耗散时,就是能量物质解体,转化为微小的宇宙量子,它们进入宇宙黑洞点空间实现隐身,这就是物质能量耗散的内容,也是暗物质的确切本质。

物质的生成是基于降温下的凝聚力,这个力有两个表现:一个是物质世界间的万有引力,另一个是物质内部的结构力。这是温度面内的侧向压力的表现,而极限低温带来的温度下降方向的作用就是物质内的弱相互作用。实质上就是说,物质间的作用力仅仅是一个表现现象,根源在于温度的大小状况,是温度状况导致了物质世界的生成,也是温度状况决定了物质世界的一切,只有从温度的状况出发,才能真正认识物质世界。

从能量耗散和散热降温现象的客观存在出发,降温运动是宇宙运动的一个主题。在极限低温生成前,降温运动不会停止,温度下降的趋势形成了相应的暗能量,能量物质在耗散中分解出极其微小的原始物质粒子,它们隐身到宇宙的背景空间结构之中,成为看不见的暗物质,这就是暗能量与暗物质的简单探索。对于今天的宇宙世界来说,所谓的暗能量现象充斥在整个宇宙空间,这是宇宙运动的根本动力,经过了多少年能量物质的耗散运动,物质世界的相当一部分已经分解成极其微小的物质粒子,在宇宙的背景空间结构中隐身,成为无形的物质。由于对这个无形的物质无法进行相应的探索,所以把这个物质称为了暗物质。从这样的状况出发,有形的物质与无形的暗物质在宇宙运动的进程中处在自然消长的变化进程中,宇宙运动的进程通过温度的下降进程得到表现,以极限低温为降温终点。宇宙空间的背景温度就是降温进程的一个即时温度,当今世界已经探得的2.7K的宇宙背景微波辐射就是这样的表现状况。物质的消长已经得到了相关探索,如本文开头所述，在宇宙中，暗物质的能量是人类已知物质的能量的5倍以上。暗物质的总质量是普通物质的6.3倍，在宇宙能量密度中占了1/4，同时更重要的是，暗物质主导了宇宙结构的形成。科学家认为，整个宇宙有84.5%是由暗物质构成，还有不少天文学家认为，宇宙中90%以上的物质是以"暗物质"的方式隐藏着，等等。这种状况就是宇宙运动进程中，当今宇宙世界中物质有形与无形消长的比例关系，而且，随着时间的推移，宇宙运动进程的推进，有形的物质世界会不断地减少下去，相应的暗物质的比例会进一步扩大。到最后，所有的能量物质全部解体，转化为宇宙量子，它们全部进入宇宙黑洞点空间，在宇宙空间实现了全面的隐身。也就说宇宙空间所有有形的物质全部转化为暗物质，这时，整个宇宙空间的温度也全面降到极限低温之中，宇宙世界就是一个冰冷的虚空世界。由于温度处处相等，宇宙空间是一个平直的空间，在这个极限位置，冷的、低温的、负能量的吸引作用到了极限，也就是热的、高温的、正能量的压力作用到了极限，宇宙运动将在这个极限位置产生转向。一方面，空间温度将向极限高温方向运动；另一方面，配合空间的升温运动，隐身在宇宙黑洞点空间的宇宙量子将在升温过程中，从点空间内释放出来，这些宇宙量子在广泛的宇宙空间同时现身，在极限高温生成时刻，所有的宇宙量子全部从隐身的宇宙黑洞点空间内来到宇宙黑洞点空间外，它们充斥在整个宇宙空间，这时的宇宙世界相当于一个炽热的虚空间世界。宇宙量子是极其微小的，它在宇宙黑洞点空间内外可以自由的无阻尼的进出，这个无阻尼运动为宇宙的无限运动提供了一个唯一没有能量损失的运动，当宇宙量子全部从隐身的点空间显身时，宇宙空间的温度也到达了极限高温之中，这个状况相当于宇宙运动一个周期的起源。一方面，极限高温的生成为宇宙的降温运动提供了相应的初始温度；另一方面，充满整个宇宙空间的宇宙量子为有形物质世界的生成提供了充足的原材料。在极限高温位置，温度和宇宙量子都将产生相应的转向运动，温度下降，宇宙量子向宇宙黑洞点空间内隐身，与升温过程不同的是，降温过程中，宇宙量子将在降温中产生相应

的缩聚堆积，除非没有降温冷却缩聚的原理，或者在降温开始的同时，所有的宇宙量子全部进入了宇宙黑洞点空间，这两个状况都不能生成今天的宇宙世界。堆积现象减少了宇宙量子进入宇宙黑洞点空间的空间范围，减慢了宇宙量子进入宇宙黑洞点空间的速度，延长了宇宙量子总体隐身的时间进程。而且，这种状况随降温进程的推进，不断地加剧，在堆积的宇宙量子中，因降温冷却，部分宇宙量子间产生相应的缩聚结合，生成大小单一宇宙量子的结，形成了相应等级的物质粒子，无形的宇宙量子由此成为有形的物质粒子，众多的物质粒子堆积组合，生成了有形的物质世界。如果所有宇宙量子在产生缩聚堆积前，全部同时进入宇宙黑洞点空间，就不会出现相应的堆积现象，也就不会生成相应的物质世界，因为存在足够的宇宙量子，它们不能同时进入宇宙黑洞点空间，那些未及同时进入宇宙黑洞点空间的剩余宇宙量子在降温中缩聚堆积形成了相应的物质世界，并且在物质世界生成后，物质世界因此成为能量耗散的主体，这就形成了今天宇宙空间广泛存在的能量耗散与散热降温现象。

本文从能量耗散与散热降温的角度出发对暗物质与暗能量状况进行了简单的探索，对宇宙的运动及运动的形式也作了相应的简单探索，这对现代科学关于物质与暗物质、能量与暗能量的探索来说，是否具有一定的参考，盼望得到科学的指导。

黑洞探索

约在200年前，拉普拉斯和米歇尔最先预言了黑洞，他们认为，宇宙中最大的星球有可能是看不见的。星球越大，引力也越大，当引力大到一定限度时，连光也会被拉回来，这时外界的人就无法看到这颗星了。在至今的约200年时光里，有关黑洞的状况得到大量的探索，许多科学家加入黑洞的探索行列，爱因斯坦、奥本海默、钱德拉赛卡、霍金等更是对黑洞提出了许多革命性的结论。在今天的学术界，黑洞理论已经是一个相对成熟的理论。但是，真实的宇宙空间是否确实存在黑洞这样的天体，这是一个未知的事件，两个问题困扰黑洞，一个问题是，大质量的天体是怎么形成的；另一个问题是，时空怎样弯曲，这两个问题不解决好，黑洞形成的条件不具备。在宇宙探索中，科学家们要求的基本方法是观测，但是，在许多地方，他们认为看到的不一定是真实的。从笔者的宇宙探索出发，对深空宇宙的观测确实能够发现宇宙的许多秘密，但是要真正认识宇宙，除观测以外，还得从地球人类所能直接接触的星球入手，结合观测得到的相关结论，找到宇宙运动的内在本质和运动规律，只有这样才能很好地认识我们的宇宙。

牛顿发现了力学三定律，并发现了万有引力。他认为时间和空间是绝对的，是永恒的，他的水桶实验证明了宇宙空间存在着惯性运动现象，为他的惯性运动现象提供了相应的动力基础，通过这个现象，把力的来源归功于物质的质量，因为物质存在了质量，所以产生了相互吸引作用。但是，牛顿没有解释，为什么物质存在了质量就能产生相互吸引作用，也没解释，物质世界为什么存在了运动状况，已有的探索也只

是说运动是物质的属性。爱因斯坦对运动与力的问题从时空的角度进行了探索，认为万有引力不是真正的力，而是时空产生了弯曲，这个弯曲是由于物质存在了质量而引起的，相关理论就是现代科学上著名的相对论。同样，相对论对物质世界为什么会运动，也没有最终的解释理论，对为什么会引起时空弯曲也没确切的解释，不过从物质存在质量引起时空弯曲出发，对大质量的天体形成黑洞的研究却如日中天，殊不知，黑洞的提出仅是从一个假设开始的，并没有一个准确的出发点。牛顿只是从运动本身对运动现象进行了探索，他发现了惯性运动现象，但对造成惯性运动的源动力没有作出最终的探索。爱因斯坦的相对论试图找到产生惯性力的根源，但没有能够从根本上解决问题，却掉进了"黑洞"之中，直到现在，宇宙探索依然在黑洞之中摸索，从本人的宇宙探索出发，不打破现行的"黑洞"，宇宙探索很难见到光明。

宇宙空间存在许许多多大质量的天体是一个客观存在的事实，它们是否能够形成所谓的黑洞却是一个未知的事件。在探索黑洞的时候，首先要解决天体是如何形成的，只有在解决天体形成的问题之后，才能再讨论天体质量大小的问题，从现行的宇宙探索理论出发，笔者对这个问题暂时没有找到详细的理论探索，只能从本人的宇宙探索出发，对这个问题作一点个人的探索。

在笔者的宇宙探索中，对物质的生成与运动已经作了简单而确切的描述，宇宙运动的根本动力源是宇宙空间温度的变化状况。它从宇宙大爆炸开始，一次性生成足够的热的正能量源，然后进入热的正能量的耗散状态，这个状况就是宇宙运动的能量耗散与散热降温运动。在这个过程中，极限低温是一切运动的动力之源。在热的正能量全部耗散之后，宇宙空间的温度降到极限低温处，整个宇宙进入了冰冷的负能量状态，宇宙大爆炸就是在冰冷的负能量状态之中引发的，关于本人的宇宙运动另文探讨。很简单，宇宙运动的一个重要表现就是宇宙空间的温度的下降问题，这个温度的变化是从宇宙大爆炸后产生的极限高温处开始下降的，在极限高温下，宇宙空间的天体世界的组成物质处在极

度的膨胀离散状态，这也是一个简单的物理现象。而降温之下，膨胀离散状态的物质因冷却缩聚形成相应的天体同样也是一个简单的物理现象，可以说，温度是天体存在与否的主宰，温度的下降程度决定物质冷却缩聚的程度，物质之间的所有力现象都是冷凝力，即使是天体间的引力现象也是冷凝力在宏观上的一个表现。在降温进程中，物质的冷凝缩聚是一个简单的自然现象，伴随能量物质的耗散活动，物质世界的运动体系随之生成，关于运动体系生成的详细情形另文探讨。简单的比喻，运动体系的形成类似于浴缸或者水池里排水，如果不排水，浴缸或者水池里的水体不会产生旋转现象，只要产生排水，浴缸或者水池里的剩余水体会随之产生以排水口为中心的旋转现象，这就是天体运动体系产生的确切形式。而随着天体运动体系的生成，广袤的宇宙空间，形成了众多的、不同层次的天体运动体系，否则，所有的物质将缩聚成一个巨大的天体，这是一个无法想象的事件。从降温现象引起的物质冷却缩聚的基本原理出发，宇宙空间物质构成的天体不存在自发的吸引作用，而是降温之下，物质间冷却缩聚堆积效应现象，降温的深度是天体凝聚力的体现，这个凝聚力在不同的环境下具有不同的表现形式。在运动的天体体系内，凝聚力表现为万有引力，因为运动产生了相应的离心力，这个离心力就是相应的凝聚力的反作用力。如果没有运动的产生，就不会产生相应的离心力，冷凝聚力将使所有物质聚集到一体，那就不会产生今天的宇宙。在这个凝聚力从宏观的角度确切提出来之前，它就是当之无愧的引力。从这个引力本质的探索出发，宇宙空间很难产生出引力奇大的黑洞的天体，同时，也无法与时空问题产生牵连，更谈不上时空弯曲了。从这个角度出发，现行的黑洞探索没有最终的实际意义，至于为什么会存在所谓的黑洞现象，必须从另外的角度进行探索。

在笔者的宇宙探索中，已经对黑洞问题作了一点简单的探索，在此，对黑洞的相关情况作更深入的进一步讨论。

一个不可否认的事实，无限的宇宙空间并不是一个整体的东西，它

是由无数个极其微小的点空间堆积相连而成，这个极其微小的点空间没有名称，笔者称为宇宙黑洞。因为在广泛的宇宙空间温度现象无处不在，点空间是宇宙空间的一个组成部分，因此点空间就成为温度存在的依托，从点空间的温度现象出发，它就像一个温度井，温度的大小就是井口的高度，宇宙空间的极限低温就是这个温度井的底，这种情形相当于一个洞的形式，所以，本人称这个点空间温度井为宇宙黑洞。

在笔者的宇宙探索中，宇宙运动有两个主题：一个是宇宙空间温度的在极限高温与极限低温间的振荡运动，另一个主题就是能量物质——宇宙量子在宇宙空间背景上的隐显活动。宇宙量子是组成物质的最基本成分，它处在微小物质粒子的最顶端，宇宙量子极其微小，它的大小与宇宙黑洞点空间相互匹配，当它置身于宇宙黑洞点空间内时，宇宙量子在宇宙空间实现了相应的隐身，相当于被宇宙黑洞吞噬，从这一点上看，点空间就是一个宇宙黑洞。在笔者的宇宙探索中，宇宙量子是最小的物质粒子，它是组成物质的最基本物质。在宇宙大爆炸产生前，宇宙空间的物质全部转化为宇宙量子，它们全部进入宇宙黑洞点空间内，宇宙空间处在极限低温之中，整个宇宙空间就是一个冰冷的虚空间世界，也相当于宇宙空间处在冷的负能量的极限状态之中，宇宙大爆炸在这样的状态中引发。大爆炸中，所有的宇宙量子来到宇宙黑洞点空间外，空间温度也随之升高，直至极限高温，在爆炸结束时，整个宇宙空间处在极限高温之中，充满着宇宙量子，宇宙空间拥有了热的正能量状态。大爆炸发生后，宇宙量子重新返回宇宙黑洞点空间，空间温度向极限低温回复，宇宙运动进入新一轮能量耗散与散热降温运动。在散热降温运动中，如果宇宙量子不随降温产生相应的冷却缩聚，它们会在整个宇宙空间同时向宇宙黑洞点空间内运动，形成相应的隐身现象。这样的话，降温进程会与大爆炸的升温进程均匀对称，就不产生今天宇宙空间存在的运动现象，因为在散热降温运动中，宇宙量子随降温运动产生了相应的冷却、缩聚、堆积，使得宇宙量子进入宇宙黑洞点空间的运动进程受到了相应的影响，这才导致诞生了今天的宇宙运动现象。

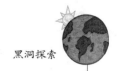

在降温活动开始时刻，如果全部宇宙量子同时进入宇宙黑洞点空间，同样不会形成今天的宇宙，因为存在恰当数量的宇宙量子，它们没能在降温开始时刻同时进入宇宙黑洞点空间，那些剩余的宇宙量子在降温之中冷却、缩聚、堆积，这才构成了今天宇宙空间的物质世界。当宇宙量子缩聚堆积形成物质世界时，一方面，物质世界的存在保持了相应空间区域的余热状况；另一方面，宇宙量子进入宇宙黑洞点空间的活动区域缩小到物质世界自身，这个状况就形成了物质世界自身的能量耗散与散热降温现象，因此，现代宇宙运动的主题就是物质世界的能量耗散现象与散热降温活动。散热降温现象是一个普遍存在的客观现象，因为太普遍了，这个现象很难在根本上得到全面的探索，而物质世界自身的能量耗散现象也是一个不可直接感知的客观存在，科学史上的黑洞是一个大质量的天体，而本文的宇宙黑洞是一个能够耗散能量物质的空间，是一个温度井，并且，整个宇宙空间就相当于一个巨大的黑洞。

科学史上，曾经用以太代表天空，并进行了相应的探索，后来在电磁理论和相对论发展起来后，以太的存在受到了排斥，主要是因为光速问题。在本人的宇宙探索中，光与光速已经具有了相对确切的产生形式和内在本质，以太可以继续使用，由于笔者在了解以太前，已经把极其微小的点空间称为宇宙黑洞，因此，笔者的相关探索仍然以宇宙黑洞来进行相应的描述。

无数个微小的点空间就是无数个微小的宇宙黑洞，它们的集合体构成了一个无限的宇宙黑洞结构体系，这个结构体系充满在整个宇宙空间，它也就是宇宙空间的背景结构体系。从这个角度出发，整个宇宙空间就是一个无限的黑洞，这个黑洞没有与物质相类似的确切表现，温度状况是它唯一的表现。当众多点空间的温度相连成片时，组成了宇宙空间的温度结构体系，这就是宇宙黑洞背景结构温度体系。如果把这个立体的温度体系归化到平面状态，这就是宇宙背景结构体系温度面。温度面的温度值相当于温度面上的一种高度状况，当空间温度产生变化时，就表现为宇宙黑洞背景结构体系温度面在高度上的上下振

荡。在平面系统内，高度是没有方向的，这相当于现代宇宙空间的温度状况，它同样没有方向，这就是温度为标量的解释。在笔者的宇宙探索中，宇宙运动的一个主题就是宇宙空间温度在极限高温与极限低温间的振荡运动，不考虑物质的影响，宇宙空间的温度处处相同，宇宙黑洞背景结构体系温度面是平直的，这就相当于相对论的平直空间，但它拥有了确切的平直内容，不是简单的空间弯曲。其实，许多科学工作者都知道，相对论中的弯曲空间是一个打破常规的说法，因为没有一个更好的替代，它一直保留至今。当考虑物质的影响时，由于物质存在自身的余热，这个余热现象使空间的温度产生了相应的高低状况。这个状况使宇宙黑洞结构体系温度面形成了相应的凹凸不平的现象，平直的温度面产生了弯曲现象，有物质存在的空间区域，由于物质世界的余热，温度面相对凸起，没有物质存在的空间区域，温度面相对下凹。如果把宇宙空间看成一个海洋，物质世界就像海上的船。在笔者的宇宙探索中，宇宙运动的一个主题是温度的振荡运动，同时，伴随这个主题的内容就是能量物质在宇宙空间背景结构上的隐显运动。极限低温的引力源作用，一方面使宇宙空间温度从极限高温处向低温方向回落，另一方面使能量物质向宇宙黑洞点空间内隐身，这就形成了现代宇宙空间能量耗散与散热降温运动，这也是现代宇宙演化运动的主题。物质世界的生成不是现代宇宙运动的目的，而是一个中间过程，在能量物质因冷却缩聚生成物质世界时，极限低温的引力源作用依然吸引组成物质世界的能量物质向宇宙黑洞点空间内运动。这种作用使能量物质对宇宙黑洞背景结构温度面产生了相应的向低温方向撞击，这个撞击使黑洞背景结构温度面，向低温方向产生了相应的凹陷。这个凹陷使物质世界在宇宙黑洞背景结构体系上产生了双重的凹凸现象：一方面，物质世界的余热使宇宙黑洞结构体系温度面保持相应的凸起；另一方面，物质世界能量耗散活动的撞击使宇宙黑洞结构体系温度面产生凹陷，这种情形相当于物质世界的存在使宇宙背景结构体系温度面上产生了一个波包。扣除物质世界的余热和撞击对宇宙背景结构温度面的影响，平直的宇

宙背景结构温度面上，出现了一个个巨大的旋涡状的温度凹陷面，这个凹陷面就是宇宙空间平直温度面的弯曲，它相当于相对论中物质世界对时空的影响。物质世界能量越大的地方，凹陷越深，在极限低温引力源作用下，一方面，温度面始终向低温方向回复；另一方面，均衡作用将保持温度处处相等的状况。这就形成了宇宙黑洞背景结构体系温度面内，指向凹陷中心方向的低温处的压力，这个指向凹陷中心方向的压力实际上就是冷凝力的一个表现，配合天体运动体系的旋转现象，形成了物质世界相应的引力现象。对于这个现象，笔者暂时很难用准确的语言进行相应的描述，打一个简单的比喻，这个引力现象类似于大海上并排行进的两条船间的相关现象。在合适的条件下，包括船体间的距离和运行的速度，并排行进的两只船体会产生相互靠拢的吸引现象。很简单，船体的靠拢现象起源于行进的运动，而根本动力在于地球的重力作用导致的水体均衡作用，天体运动体系内的吸引现象是因为能量物质的耗散运动，它的根本动力在于极限低温的引力源作用。

宇宙黑洞是极其微小的点空间，它是一个温度井，它在极限高温与极限低温间振荡运动，如果把宇宙空间看成是海洋，温度面就是这个海洋的面的高度。在宇宙运动的进程中，一方面，温度面不断地向极限低温方向回复，形成散热降温现象；另一方面，能量物质不断地向宇宙黑洞点空间内隐身，形成能量物质有耗散现象，配合物质世界的旋转运动，在广泛的宇宙空间生成了众多的天体运动体系。在不同层级以及不同的天体运动体系内，存在各不相同的初始物质，它们最终生成各不相同的天体运动体系。在能量物质的耗散进程中，它们对宇宙黑洞背景结构体系温度面存在各不相同的撞击作用，配合天体运动体系的生成，撞击产生的凹陷在宇宙黑洞背景结构体系温度面上形成了深度不一的旋涡，这个旋涡就是真正的"黑洞"现象。对于所有的天体及宇宙运动体系来说，撞击部位都在运动体系的中心，因此，所有的宇宙运动体系的中心都存在相应的黑洞现象。但是，在立体的空间内，黑洞现象不太好理解，当把立体空间温度体系的温度状况归化到平面系统上来看待，

这个黑洞现象相对直观许多。用水平面代替温度面，水平面的高度代表温度的大小，这样温度的下降类似于水面高度的降低，当水池里的水因底部排水而产生旋涡时，这个旋涡就是名副其实的黑洞。仅从平面系统的角度看，高度是一个标量，它没有平面方向，无法理解这个平面上的旋涡形成的洞，而从立体系统的角度看，平面上的凹陷就是一个确切的洞。但是对于立体的空间体系来说，温度状况是一个没方向的标量，黑洞不是一个直观的洞，它仅是一个中心温度比外围温度低的空间区域，因为中心温度低，由外向内形成了相应的冷凝作用，这个冷凝作用具有相应的凝聚力，这也就使得黑洞具有了相应的引力现象。

从本文的探索出发，黑洞具有了新的内涵，它不是什么大质量的天体，它就是宇宙空间温度背景上的一个个比周围背景温度更低的低温的区域，这就是笔者的黑洞探索。造成低温区域的根源就是能量物质耗散时对宇宙黑洞结构体系温度面撞击形成的向低温方向的凹陷，所有的凹陷都以各个运动体系的旋转中心为主，配合各级宇宙运动体系的初始物质，在各个运动体系内形成了各不相同的黑洞现象。这也是今天宇宙空间存在众多黑洞现象的根源。从温度井的角度出发，黑洞确实类似于一个洞，如果没有极限低温的存在，黑洞是一个无底的洞，而从能量物质耗散的角度看，整个宇宙空间就是一个无限黑洞，它吞噬了现代宇宙空间的一切能量物质。从笔者的宇宙探索出发，黑洞不是什么大质量的天体，黑洞就是空间背景结构温度面上的一个低温区域，是极限低温引力源作用在背景温度面上的结果，它具有温度的宇宙属性，这就是笔者的黑洞探索。关于笔者的黑洞认识，是否拥有正确的成分，盼望得到科学探索者的指点。

引力场探索

广泛的宇宙空间,分布着无数的运动天体,它们分级组成了各种运动体系,虽然都在旋转运动,强大的离心力没有使众多天体四散开来。牛顿通过相应的探索,认为天体间存在相互吸引作用,以此提出了万有引力理论,并推导计算出了万有引力定律,这已经成为地球人的共识。但是,物质世界的天体间为什么存在这样的吸引作用,这是一个暂时没有答案的事件,笔者根据本人的宇宙探索对这个问题作一点简单的探索。

无限的宇宙空间是无数个极其微小的点空间堆积相连而成,就像水一样,无数水分子相互堆积构成了水体。这个极其微小的点空间没有名称,科学史上,以太曾经代表天空,而以太的组成成分是以太子,以太子也相当于点空间。在本人的宇宙探索中,这个极其微小的点空间就是一个微小的宇宙黑洞,无数个微小的点空间就是无数个微小的宇宙黑洞,它们的集合体构成了一个无限的宇宙黑洞背景结构体系。

宇宙黑洞不是一个真正的洞,它就是一个极其微小的点空间,而在广泛的宇宙空间温度现象无处不在,点空间是宇宙空间的一个组成部分,它同样存在相应的温度状况,因此,点空间就成为温度存在的依托,从点空间的温度现象出发,它就像一个温度井,温度的高低就是井口的高度,而极限低温就是这个温度井的底,这种情形相当于一个洞的形式,因此本人称这个点空间温度井为宇宙黑洞。

宇宙黑洞点空间结构体系充斥在整个宇宙空间,它的温度属性构成了它特有的能量特性——真空能量,在极限低温引力源作用下,它的

温度面的温度始终处在向低温方向的回落之中，构成了它特有的真空温差能量场。就像地球上水的平面一样，在重力作用下，一方面水面的高度始终处在向低处的回落之中；另一方面，水体表面始终处于均衡状态，这就形成了水面特有的水体能量特性，水平面高度的起伏变化使水体表面产生了相应的重力势能差，由此形成了相应的波动能量，而在水面下任一位置，水体自身的重量既具有垂直方向上的自重作用，同时也存在水平方向的侧向压力作用。而宇宙黑洞点空间结构体系内，宇宙黑洞点空间结构体系温度面具有与水平面类似的特性，这个特性使宇宙结构体系具有了特殊的能量场，这个能量场就是温度能量场，这个能量场布满整个宇宙空间，它配合宇宙天体运动体系的生成，形成了相应的引力作用现象。这种引力作用现象约束着宇宙空间的物质世界各自处在自身适当的运动位置，不至于无限聚集或者四散开去，引力场产生的动力源就是极限低温的引力源吸引作用。在这里，引力源作用不直接等同与万有引力，万有引力、强力、弱力、电磁力等自然界存在的四种基本力只是引力源作用在物质世界中的四个具体的表现形式。

温度现象充满整个宇宙空间，散热降温活动是宇宙运动的主题。宇宙空间温度下降是一个客观存在的自然现象，这个降温的趋势形成了能量现象。这是一个充满整个宇宙空间的能量现象，物质世界在降温活动中得以凝聚生成，这个凝聚作用产生了相应的冷凝聚力，在宏观的天体间，配合天体的运动状况，凝聚力表现为物质世界的万有引力。这是一个受温度控制的作用力，它是自发的，没有降温状况就没有相应的冷却缩聚现象，当然不会产生相应的凝聚现象。在微观尺度上，凝聚力成为物质粒子的结构力，特别是原子核，由于它的结构相对特殊，形成了超强的凝聚力，因此取名强力。凝聚力是与降温方向垂直的作用，就像水面下水体侧向间的压力状况一样，它随水下的深度变化，水下深度越大，压力也会越大，而同样深度下，这个压力随接触面的接触状况表现出不同的作用状况，接触面大，受到的压力就大，同样的接触面，接触的密封程度大，受到的压力也大。引力源吸引宇宙量子进入宇宙黑

洞点空间，这个吸引作用就是相应的弱相互作用，弱相互作用是与降温方向平行的作用，它相当于水体所受到的地球引力作用，这个作用与水的深度没有直接关系；电磁力就是温度能量场的波动力，它是物质结构形式对温度能量场的影响力，它在形式上相当于水波的作用状况。

从温度的作用状况出发，对于物质世界来说，物质间并不存在真正意义上的引力。它只是降温之下，物质间的冷凝聚力，只是因为存在了运动现象，物质世界的一切才没有无限地缩聚堆积到一起。运动中产生的离心力通过引力的形式得到了相应的表现，这个引力的现象表现在物质世界自身，而真实的根源在于宇宙空间的温度状况。当宇宙空间温度处在持续下降的进程中时，物质世界的一切也将始终保持着缩聚堆积的趋势，形成相应的引力现象，通过运动中产生的离心力得到平衡。对于今天的宇宙世界来说，温度的现象是一个基础的状况，还没有得到必要的认识，重要的探索都是以物质世界为主要的探索对象。因此，很难解释宇宙空间的种种特殊现象。实际上，宇宙空间温度状况是一个根本的能量场，物质世界天体间的引力现象仅是一个特殊的表现形式。在广泛的宇宙空间，没有任何天体具有超强的引力作用，只有温度才是一个充满宇宙空间的东西，只有温度的变化才能决定宇宙空间的一切。在相对固定的时间跨度内，物质世界是客观存在的，物质具有相应的决定作用，特别是在今天的宇宙世界，物质的存在具有根本性的作用，人类的科学探索都以客观世界为对象。因此，许多探索存在了相应的局限性，在一些关键性的问题上无法前进，引力现象就是一个具体的表现。牛顿的力学三定律，牛顿的万有引力定律都是从纯粹的运动出发探索得出的结论。他通过水桶实验证明了惯性力的存在，这为他的力学探索找到了动力，只是惯性力的起源没有结论。爱因斯坦的弯曲时空为万有引力的起源提供了可能，但他又否定了万有引力的存在，同时他又把相对论引进了绝对的时间和空间内，没有考虑到空间温度状况。其实，真正的动力来源是空间温度的变化状况，这是一个布满整个宇宙空间的能量状况。降温运动是一个主题，它发生在整个宇宙空间。

当没有物质存在时，宇宙空间温度处处相等，宇宙空间相当于是一个平直的空间。随着物质世界的存在，宇宙空间温度具有了起伏，相当于空间产生了相应的弯曲，这与爱因斯坦弯曲时空类似，不同的是空间与空间存在的温度没有得到充分的分开。实际上，空间产生弯曲是一个常人无法理解的东西，即使是爱因斯坦本人，他也是从数学的抽象角度得到启发，才把它引入到宇宙探索中来的。但是，当从温度的状况来考虑这个问题时，许多探索在此可以进入一个新的进程中，宇宙空间温度现象无处不在，降温现象遍布在整个宇宙空间，极限低温作用下的温度降低的能量趋势，形成了强大的能量场。这个能量场充满整个宇宙空间，但它不是真正意义上的引力场，只是结合宇宙天体运动体系的存在，在相应的天体运动体系内形成了相应的引力场现象。由于温度现象充满整个宇宙空间，它是宇宙运动的绝对主题，它的运动进程伴随整个宇宙运动，它的这种能量状况永恒存在于宇宙空间。物质世界生成以及物质世界的运动就是降温进程之下的带来附加效应，由此产生的引力现象与物质世界共存，这种状况下，作为物质世界的引力现象是不用即时传播的，它就是伴随客观物质世界存在所固有的一种属性，这就是本人关于引力场的简单探索。

光的探索

　　光是人类探索宇宙世界的首要因素，没有光的存在，人类无从下手探索宇宙世界。光究竟是什么，它是怎么产生的，几百年来，许许多多的科学工作者们进行了大量富有成效的探索。光的波动说，光的微粒说，光是电磁波等等。目前比较科学的说法是，光是电磁波，它具有波粒二象性，光具有能量，但是，这些解释仅是说明了光的性质，关于光本身究竟是什么，却没有作出相应的解答。在此，笔者根据自己的宇宙认识，对光的这个问题作一点简单的探索。

　　仅仅从光的本身出发，也许无法进行相应的探索，必须从源头上开始，光是从哪里产生的，物质为什么会发出光这个东西，它又是怎样在宇宙空间传播的，光的传播需要介质吗？根据本人的探索，光的问题与宇宙的运动和演化紧紧相连，它是物质、能量、宇宙背景结构、宇宙运动之间综合影响的产物。对光的讨论，必须从物质、能量和宇宙的背景结构入手，只有这样才能对光作出相应的讨论。

　　在现代宇宙空间，存在一个简单的客观事实，在人类所能企及的这个宇宙世界中存在两个基本的共性现象：第一，宇宙世界中的物质世界都在通过各自的方式耗散着自身的能量，燃烧、辐射、放射性衰变等，它们都在不停地向宇宙空间散发着光和热，并且，在能量物质耗散的进程中，整个宇宙空间处在一个不断渐进的散热降温进程之中；第二，物质世界的一切都在不停地自行运动着，大到宏观的超级天体运动体系集团，小到微观世界的单个物质粒子。虽然这仅是两个普遍存在的客观现象，但却已经包含了我们现在这个宇宙世界的全部运动现象。

从第一个共性现象出发，可以直接推导出能量物质的耗散活动和宇宙空间温度下降就是现代宇宙运动的两个主题。除了这两个广泛存在的活动之外，宇宙空间就是一无限的空间。宇宙空间的一切运动现象都是客观的自然现象，在这两个主题中，降温的主题是一个起决定作用的主题。也就是说，温度的下降是现代宇宙运动的一个根本，从这个角度出发，宇宙运动的一个主题就是降温运动。众所周知，宇宙空间的物质世界多少年来一直在散发着光和热，而宇宙空间并没有因此而变暖，反而处在不断的降温之中，这就是宇宙空间降温主题的直接证明。另外，无论通过什么人为的方法，燃烧或者爆炸等制造一个高温现象时，高温状况会很快消失，也说明，降温是一个重要主题。如果没有能量物质的存在，降温的进程会相应地得到加快。

以宇宙降温运动的主题为切入点，宇宙的降温运动是一个渐进的、持续的、不可逆进程，但降温运动不会无限发展的，必然同时也必须存在一个终结。终结时的温度就是降温的极限，它也就是宇宙温度在低温方向上的极限低温。而在极限低温到来之前，宇宙空间的降温运动不会停止，这样的状况在形式上导致了极限低温的负压吸引作用。这个吸引作用就构成了宇宙空间极限低温的引力源，这个引力源作用为现代宇宙空间的一切运动提供了足够的能量。这是一个看不见、摸不着的能量状况，它形成了相应的暗能量现象，但它充满着整个宇宙空间。整个宇宙空间就像一个降温的能量场，如果把空间看成大海，空间就是一个温度的海洋，空间温度的高低就是海水面高度的大小。在地球的重力作用下，一方面，海平面的高度始终处在向低处的地心方向运动的趋势；另一方面，由于海水的流动特性，地球的重力均衡作用将使海水表面的高度处处相等，这个重力作用在形式上相当于极限低温的引力源作用。

从降温运动的主题出发，目前宇宙空间正在不断降低的温度必然存在一个初始的高温状况。与低温方向一样，高温也一定存在一个相应的极限，此时的温度值就是相应的极限高温。极限高温的存在是宇宙

降温运动的开始，而极限低温是降温运动的终结。从极限高温开始，通过降温运动，到极限低温结束，这就是现代宇宙运动的主题。这个主题不可以通过任何实验直接得到，只能是从宇宙世界客观存在的共性现象归纳得出。

宇宙空间温度无处不在，但也不是处处相等，对于存在能量物质的宇宙空间来说，由于能量物质自身存在相应的余热，余热现象使物质存在的空间保持了相应的余热温度状况，而随着逐渐远离物质世界，余热温度影响逐渐消失，最终只剩下宇宙背景温度。

什么是宇宙背景温度，背景温度就是扣除能量物质自身余热的影响后宇宙空间存留的温度状况，这个温度的大小取决于宇宙降温运动的进程。降温运动是宇宙运动的一个主题，在极限低温产生前，降温运动处在持续的渐进进程中，无论降温进程的速度如何，它始终存在相应的时间间隔，在这个进程中的任一时刻，它都会存在一个确定的温度值，这个温度值就是相应的背景温度。在没有能量物质存在的空间，背景温度处处相等，空间是平直的，由于存在了相应的能量物质，能量物质的余热温度在这个背景温度平面上引起了相应的温度凸起，而极限低温的引力源作用，将使这个凸起的波峰向低温方向回复，保持背景温度面处在均衡的平面状态，这个回复现象就形成了宇宙背景温度面上温度的高低振荡变化，当这个温度的振荡变化状况在空间扩散传播时，自然形成了相应的波动，这个波动就是光。在本书中，光不是用科学方法确定的，是从物质世界能量物质耗散的角度出发，用水波产生的能量和形式联想得出的，只有光能与这个温度振荡波动相匹配，光与这个波动匹配也是最贴切、最合适的，科学史上已经用了太多的假设，这里也借用一回，其实它也不是真正的假设。

温度现象充满着整个宇宙空间，无论在哪一点上，可以没有有形物质的存在，但却不能排除温度的存在。但是，温度不能无缘无故地存在，必须有一个相应的依托，这个依托就是相应的点空间，笔者把这个点空间称为宇宙黑洞点空间（在本人的探索中，宇宙黑洞不是什么大质

量天体，它就是一个极其微小的点空间）。在科学史上，以太曾是代表天空东西，以太是由以太子构成的。但是，由于对以太的属性没有一个中肯的全面的论述，以太的存在受到了排除，在这里，本人重拾以太，以期对它进行一点补充。

以太是由无数以太子堆积而成，以太子就是微小的点空间，以太子唯一的属性就是温度，它像一个温度井，温度的高低就是井口的高度，相对于极限低温来说，温度的大小就是井的深度。温度的高低变化，就是井口高度的变化，但是，这个变化没有空间方向，当确定空间位置时，无论原点在哪里，X，Y，Z构成一个三维空间坐标系，这是一个存在空间方向的变量，这三个变量可以在正反两个方向无限地延续，它们无法周期性重复。但是，对于任一点（X，Y，Z）来说，它的温度变量T只能在原地高低变化，变化的范围是在极限高温与极限低温间，没有空间方向，这个温度变量T就是空间点（X，Y，Z）一个特殊的维，本人称它为第四维。常规的探索中，时间维是第四维，实际上，时间是永恒存在的，它是绝对的参考，空间点的方向（X，Y，Z）可以在正反两个方向上无限延续，而时间变量没有空间位置，它只能在渐进的方向无限累进。对于第四温度维来说，这是一个可以原地重复的变量，它可以在固定的空间位置地进行周期性的变化，这就导致了温度变量拥有周期变化的属性，这个属性为宇宙无限运动提供了特殊的参考，它就是无限宇宙运动的真正根本。本人在重提以太空间时，赋予了以太的温度属性，极限低温的引力源作用使以太拥有了强大的空间能量场，这是一个控制整个宇宙空间的能量场。在重提以太时，时间和空间将作为一个绝对的变量来参考，时间无始无终，无论从何时开始，只存在单一方向的无限累进，空间无边无际，无论从哪个位置（X，Y，Z）开始，它存在正反两个方向的无限延续，物质和运动的存在不能对这两个绝对的量产生任何影响，一切探索只能以这两个绝对的参考量为参考，只有空间点的温度T，这是一个只能在原地高低振荡变化的量，它与物质和运动的存在息息相关，是探索宇宙的重要窗口。

无数的以太子堆积构成了一空间结构体系，这就是宇宙的以太背景结构体系，体系内所有点的温度相连成片，构成了宇宙背景结构体系温度面，不受物质余热影响的温度就是宇宙的背景温度。当把以太子作为温度存在的依托时，空间任意点产生的温度变化都将在极限低温的引力源作用下，从变化位置在以太体系内扩散传播开来，以太由此自然成为了光的传播介质。

以太的存在为人类的科学探索，作出了很有成效的贡献，并且它作为光的传播介质，也已经得到了相当深入的探索。在19世纪结束之前，以太物理在物理学上占有重要的地位，只是随着电磁理论及相对性原理探索的深入，以太的存在受到了挑战，并在爱因斯坦的相对论产生后被排除，以太被排除，主要是在以太的属性和光速问题上：

1.以太的存在难以想象，最初的以太说认为：以太是一种刚性的粒子，相当硬，能够使光实现快速的传播，同时又必须相当稀薄，物质穿过它几乎不受任何阻力，星光能通过它从遥远的地方来到地球，相互间存在不可调和的矛盾，许多科学家怀疑它的存在。

2．迈克尔逊–莫雷实验的结果，光速在不同的惯性系和不同方向上都是相同的。

3．根据克斯韦方程组推导出光速是常数。

但是，从上述的降温运动形成的能量和能量场、温度振荡变化产生的波动、以太子点空间的温度井的属性出发，光的内容有了一个相对确切的解答，光就是宇宙空间背景温度能量场内温度波动在以太空间的扩散传播，这就是光的实质，一旦确定出这样的光理论，它将会很好地解决物理学上存在的相关问题。

第一个就是光速问题，光是物质能量耗散时，宇宙以太背景面上温度变化状况向外的扩散现象。在这种状况下，无论光源是否运动，温度的高低变化都是在产生变化的位置上起伏。这个起伏是没有方向的，它不影响温度变化状况向外围的扩散传播。也就是说，无论光源是否运动，它在不同的位置都在持续制造同一种温度变化，这就形成了

光速与光源运动不相关的现实。同时，以太充满宇宙空间，当它作为光的传播介质时，同一种波在相同的介质中传播速度保持不变，这也是普通波的传播规律，这就是光速不变的根本解释。从这个角度出发，无论通过什么方法或者手段进行测量，光速是不变的。迈克尔逊-莫雷的实验结果证实，光速在不同惯性系和不同方向上都是相同，这个实验的结果在科学史上，它否认了以太（绝对静止参考系）的存在，但在本书它却可以证实以太（绝对静止参考系）的存在。同时，可以确立以太空间绝对参考系的地位，因为所有的惯性系和非惯性系都必须置身于一个绝对的参考系中才能成立。

第二个问题就是横波问题，温度的起伏振荡产生在宇宙空间任一点上，这是一个没有空间方向的振荡（温度的标量），而极限低温引力源的均衡作用将使振荡的温度恢复平静，从而使温度的起伏运动从振荡点上向外围扩散，这就形成了温度的振荡方向垂直于波动的传播方向，这就是光是横波的唯一解释。

第三，能量物质的耗散现象是连续进行的，一份能量物质只能制造一次温度振荡变化，这也就是光量子化的本源，一旦能量物质的耗散现象停止，温度的振荡现象随即消失，光也随即消失。

第四，关于光的能量问题，光是波，它具有波的一切特性，它的能量仅仅是波动能，它在真空中几乎无限传播。在现实中，光还有以下几种能量现象，光的加热功能、光电效应、光辐射。这些能量现象的产生，并不是光具有超越波的功能，主要取决于光的波长与物质结构的匹配状况。

物质世界的物质并不是一个完全密实的结构体，它存在相应的空间结构。从宏观的角度出发，单个天体是构成天体运动体系的基本成分，天体间存在广泛的空间结构，所有波长的光都可在这个广泛的空间传播。对于微观世界来说，物质的基本组成粒子是原子，原子也不是一个实心的整体，它是由原子核与绕核运动的电子构成，电子与原子核间依然存在相当比例的空间，原子核是质子和中子组合而成，质子和中子

是由更小的夸克组合而成。在所有微小粒子的内部，依然存在相应比例的间隙，在物质粒子的内部空间，不是所有波长的光可以在其间传播的，只有与物质粒子内部间隙大小相匹配的短波光可以在相应的粒子间隙空间进行相应的传播，由于粒子的结构相对较小，光通过相应粒子时，将对粒子的结构产生影响，这个影响造就了光的能量现象。实际上，从单个天体自身开始，物质世界的结构就像是充满间隙的球状体，在物质内部的间隙中，充填着以太子，所有的物质都与以太子组成的宇宙背景体系共存。只要波长合适，光波可以进入物质结构的任意内部，由于光是宇宙背景结构体系能量场温度的波动，光的作用必然会影响相应空间物质的结构状况，这就产生了光的能量现象。

第一，就是光的加热功能。在光的照射作用下，波动影响以太结构体系，物质结构随共存以太体系的温度振荡产生相应的变化，从而释放相应的能量物质，使以太温度面在原有余热温度的基础上产生相应的凸起，形成了物体的升温现象，这就是光的加热功能。光的加热功能可以产生较宽的波长范围上，只是不同的波长范围具有不同的加热状况。一般来说波长在红外线及相近波长的光具有明显加热作用，它的波动作用范围在分子层级以上，它在原有的分子间产生增加相应的波动，使原有的分子结构产生相应的松动，释放出相应的存在于分子间的结构能量，从而引起温度的升高，它以不破分子的结构为主。对于生命分子和植物来说，合适波长的光不仅存在加热功能，同时也使相应物体具有了活性，叶子的光合作用就是一个最直接的表现；当光的波动作用在分子层级内时，它们能使相应的分子键断裂，这个作用会造成生物体或者生命体产生一定的变异现象。

第二，就是光的穿透功能。光是波，它具有波的所有特性，反射、衍射、透射，主要取决于光的波长，由于光速恒定，光的波长越短，频率却越高，这就是短波的光是高频光。当高频光产生透视现象时，如X射线、伽马射线等，形成了高频光能量也高的现象。实际上这并不光的能量增大了，而是高频短波光能够进入的相对精细的空间，对物质的结

构产生相应的影响，这是长波光不能产生的能量现象。高频短波光的能量现象，主要是对物质的内部结构产生了相应的影响，波长越短，频率越高，破坏作用也越大，这种状况带来了高频光的强大能量现象。

第三，光就是波，它并不是什么粒子，光的粒子特性取决于光源，当从能量物质能量耗散的状况出发时，能量物质始终处在不断制造光子的过程中，这就是光呈现粒子性质的一个现象，如果光源不再产生能量耗散现象，光现象随即消失，这也是光量子化的基本出发点。

第四，光电效应是光波对物质作用的一个特殊，一个合适的波长正好使相应金属表面的电子产生逸出，也就是说，该频率光的波长正好作用在这个区间。这个作用使电子从相应的物质体表面逸出，从而形成了相应的光电效应。如果光的频率降低，光的波长将相应变长，它将不能进入相应的空间激发电子产生附加的运动，也就无法造成电子的逸出；而如果频率增高，光的波长进一步变短，光的波动将进入该物质体内部，使内部的电子也产生相应的内电子流动现象；而当光的频率超过一定的限值后，光电现象将会停止，这就是光电效应合理的解释。从这里也可以看出，光电效应的产生取决于光合适的波长，长不行，短也不行，光的波长必须作用在相应电子的活动空间范围上，只有这样，才能形成相应的光电现象。

第五，对于波长更小的光波来说，它的波动作用将进入更精细的空间，当光的波动作用进入原子核内时，将拆散原子核，从而释放出相应的核能。这就是所谓的高能短波光，实际它就是高频光，它的高能量是因为波长很短，能够进入微小粒子的内部，引起物质粒子内部能量的释放，才形成了相应的高能现象。

关于光的特性，科学工作者们已经进行了大量的探索，笔者仅是从能量物质耗散的角度对光的产生及内容作了一点相关探索，并由此对宇宙降温运动，由温度控制的宇宙空间能量场等作了一点说明，是否对光的进一步探索具有一定的参考，望有相同志向的科学工作者们提出批评与指正，本人衷心感谢。

 # 地球探索

　　地球特定的宇宙环境衍生了地球人类,在科学发展的今天,地球人对地球已经从多方面作了许多探索,也取得了不少重大的认识成果。但是,人类科学距真正认识地球还存在相当的距离,已有的关于地球的基础理论存在许多不确定因素,地球科学大厦尚建立在一个松软的地球基础理论地基上。因此,对地球要探索,以进一步认识地球的过去、今天与未来,并造福我们人类。

　　地球是现代宇宙世界中的一个小小的天体,它自身的一切演化活动首先必须与现代宇宙的演化相一致,在总体上遵循宇宙演化的内涵和内容,但在作为确切的地球形成以后,它又产生了自身的演化内容。首先,作为地球自身来说,从液态地球形成以后一直至今,它处于持续的散热降温之中,并且在这个持续的散热降温进程中。地球在总体上一直处于冷却收缩状态,基于散热降温活动引起的冷却收缩现象,地球产生了一系列的构造演化活动,地核、地壳、地幔、高山、陆地、海洋等等,一系列地质状况、地形现象均由此产生。在今天,地球的这种散热降温的演化活动仍在不断地继续进行之中,只是地球整体上的冷却收缩现象已经相对平缓而已;第二,基于地球自身的宇宙环境以及地球自身的组成物质状况,在地球表面衍生了地球生命,在地球的演化进程中,生命形式从低级向高级不断地演化、进化,至今天,形成了庞大的地球生命系统体系,正是由于地球生命的产生才使得地球成了一个相对特殊的天体,人类仅是这个庞大的系统体系中的一个种类。作为地球系统的演化来说,它有两个方面:一个方面是地球自身的演化,这是一个

中心主题，也是地球演化的根本所在，地球的地质状况、地形现象都归功于地球自身的演化；另一个方面是地球系统体系的演化，它是除地球自身演化以外的一切演化活动，包括地球生命、地球大气和地球水等，虽然它们是地球不可分割的组成部分，但它们没独立演化的基础条件，必须依赖于纯地球概念的演化。在地球演化中，地球自身的演化是一个主导系统，它具有根本性的控制作用，其他的演化系统都是这个主系统的子系统，在地球不同的演化进程中，各个不同的子系统又将衍生出各不相同的子系统，地球庞大的演化系统体系由此逐步形成。

一、地壳的形成

在地球形成的早期，地球尚是一个灼热的液态岩浆地球，基于现代宇宙的演化内涵，岩浆地球自身的巨大热量处在不断地向宇宙空间的散发之中，并且通过自身热量的散发，岩浆地球处于不断的散热冷却之中。由于散热降温，液态的岩浆地球一方面冷却收缩，使地球的体积在总体上逐渐缩小，另一方面由表及里，液态岩浆逐步冷凝固结生成固体岩石，由此在液态岩浆地球表面形成一个固体的岩石表层球壳，这个球壳就是地球的地壳，液态岩浆地球因此逐渐发展成为固体的地球。随着时间的推移，地球自身的巨大热量不断地散发，地球的整体温度也因此不断地下降，地球的地壳在这个散热温度进程中不断地向地球的内部发展，并因此而逐渐增厚。在这个逐渐增厚的进程中，地壳在整体上伴随降温进程处于持续的收缩状态之中，至今天形成了目前的地球世界。从液态岩浆地球到地壳的生成、从地壳的不断增厚到地球及地壳整体上的持续收缩，直到今天，地球经历了漫长的自身演化和广泛的构造运动。

1. 岩浆地球的分异演化

在宇宙本源中，已经提出了一个分异分化问题，这是现代宇宙演化的基本方式，分异演化是分异分化方式中一个更具体的演化方式。岩浆的分异演化是一个众所周知的物理现象，对于所有的岩浆来说都

会存在这样的自然现象。岩浆地球的分异演化存在一个中心两个基本点，一个中心就是岩浆地球自身持续的散热降温活动。两个基本点：一是重力分异，在液态环境下，比重大的物质将在重力作用下相对下沉；另一个是热浮力分异，由于岩浆地球的散热活动，使得热能从地球的内心向外形成了放射性的地热流。地热流有两种传递方式，一种是热传导，另一种是热对流，而哪种方式的产生取决于岩浆地球内部的热量状况、地热梯度以及外部的温度环境。地球的内热越高，地热梯度越大，热对流的散热方式越盛，也就是沸腾状况，反之将向热传导的散热方式发展，这样在岩浆地球内部热对流作用控制下的物质移动将使组成岩浆的物质向地球表面上浮，由此形成了热浮力分异。从液态岩浆地球生成开始，随着地球演化进程的推进，在一个中心和两个基本点的作用下，一方面，岩浆地球的总体热量不断降低，另一方面，比重大的物质不断下沉，并随热浮力的减小而逐渐产生沉积，比重轻的物质则不断上浮。这样随着岩浆地球的散热降温，不同的物质随自身比重的大小由下往上依次逐渐沉积，岩浆地球因此逐渐分异成具有一定层状结构的分异岩浆地球，比重越大的物质越接近地球的内部中心，比重越小的物质越接近地球表面，比重最小的物质形成岩浆地球的表层，比表层母质更轻的低熔点熔融物质始终飘浮在岩浆地球的最表面。在最后，由于其数量不足以再形成一个完整的岩浆地层，只能在岩浆地球最外面一个完整的岩浆地层之上形成一个或几个飘浮层。这些飘浮层几经分离和聚合，在地壳形成时最后的分布状况就构成了古大陆架分布状况的原始形式。飘浮层与表层是一个大范围上的相对概念，特别在两者的交接处，基于分异演化的连续性，物质组成存在渐变性，由此形成一定的渐变过渡层。分异演化是地球演化进程中一个重要的演化历程，随后的演化将在这个基础上产生进一步的分化。

2. 古地壳的形成

岩浆地球的散热降温活动导致了岩浆地球的分异演化，在这个过程中，地球的内热得到了很大的降低，热量散发的方式逐渐由热对流向

热传导发展，地球的层状结构也逐渐趋于稳定状态。随着地球散热降温活动的持续进行，岩浆地球的整体温度不断地下降，地热流、地热梯度也随之不断减小，当岩浆地球表面岩浆的温度降到岩浆最高凝固温度（岩石熔点）以下时，岩浆地球表面岩浆将慢慢凝固，生成固体的岩石。并且在岩浆地球表面岩浆最低凝固温度产生以后，在岩浆地球表面生成一个完整的固体球壳，这个固体的球壳就是古地壳。古地壳的生成从本质上讲就是岩浆地球的表面岩浆由于散热降温引起的冷凝固结，其基本原理极其简单。但是，由于地球自身的基本状况，古地壳的生成开始产生了较复杂的表现形式，这也为更复杂的地壳构造运动提供了基础。

在岩浆地球的表面，岩石的生成是随散热降温进程由高到低的渐进性发展而逐渐发展的。在岩浆地球表面，飘浮层是由比表层母质轻的低熔点物质组成的，因此，表面岩石的生成是从岩浆组成物质的密度和熔点相对较高的表层开始的，然后慢慢向飘浮层及其覆盖的地方发展生成。岩浆生成岩石不是在短期内快速完成的，它随岩浆地球的散热降温进程处于缓慢的渐变之中，它经历了下述基本形态，即从液态→流塑状态→可塑状态→硬塑状态→半固态→固态，最终成为固体的岩石，这个过程的时间长短取决于地球的环境温度和自身的热度。在表层开始冷凝固结时，由于飘浮层是由比表层母质轻的低熔点熔融物质组成的，在表层岩浆开始冷凝固结以后的一定时间内，飘浮层仍处于液态，并在散热降温进程中进行进一步的分异演化活动，直至地壳完全生成。在这个分异演化活动中，密度相近，物理特性相似的一些物质进一步产生一定的聚合，并根据各自的数量和自然分布状况在飘浮层内占据一定的空间，使飘浮层区域进一步划分出不同的地层状况和平面分布状况，在飘浮层的分异演化过程中仍然存在比飘浮层母质轻的低熔点熔融物质（或非熔融物质），它们同样会自始至终飘浮在飘浮层的最上面，直至最后冷凝温度产生，也成为地壳的一个组成部分。

3.大陆架地壳与大洋地壳的生成

相对于飘浮层来说,表层岩浆具有较高的起凝温度,而表层又是岩浆地球最外面一个相对完整的岩浆地层,因此,表层的冷凝具有全球属性。当它冷凝固结以后,一个相对完整的地壳就基本形成,只是在飘浮层及其覆盖处未凝固,就像一个硬壳的球状物上有几个"烂洞"而已。由于岩石生成的渐进性发展,固体的岩石与液态的飘浮层之间不呈突变状态,存在一个过渡带,即液→塑→固过渡带。从表层地壳生成开始,至飘浮层也冷凝生成固体岩石,地球的整体温度也有了较大的下降,而这个下降的温差必然导致固体地壳的冷却收缩。我们已经知道固体岩石的导热率是很小的,对于偌大的地球来说,当固体地壳因散热降温而产生冷却收缩时,内部的岩浆不能及时降温与地壳保持相同的收缩率,内部岩浆因此产生了相对多余的部分体积,这部分多余的岩浆必须通过一定的方法得到释放。如果固体的地壳是一个完全封闭的球壳,这部分多余的岩浆将被封闭在地壳内,地壳对岩浆在总体上形成相应的收缩挤压,由此形成相应的收缩压力,并通过收缩压力的反作用力阻止地壳的收缩进程。在古地壳生成时,由于液态飘浮层的存在,表层地壳的收缩挤压使液态飘浮层产生相应的流变现象,并因此而突出固体表层地壳的表面,挤出了由收缩差产生的部分多余的岩浆,释放了相应的收缩差,表层地壳与内部岩浆的收缩差越大,液态飘浮层的突出抬升就越高。由于在固体的表层地壳与液态的飘浮层之间存在一个液→塑→固过渡带,使得液态飘浮层的抬升发生在具有流变特性的塑性地带,否则,固态的岩石不能轻易变形,液态飘浮层容易溢流。随着地球散热降温进程的不断推进,表层地壳的冷却收缩也不断增加,液态飘浮层的突出抬升也越来越大,地球表面也由此产生了地形的起伏。随着表面岩浆最低冷凝温度的到来,飘浮层也将逐渐发展成为固体的岩石,成为地球地壳的组成部分。最后凝结的飘浮层地块,在全球表面,形成了一个个相对高出的地台地,这个地台就是原始的古大陆架,古大陆架外面则是古老的大陆坡。除此以外,全球范围内相连成片

的广大地域就是古老的大洋地壳。这就是大陆地壳与大洋地壳最简单和最直接的生成形式，也是最确切的生成方式。

二、地壳的活动

随着地壳的形成，地球的演化活动更加具体，除了已经存在的各种演化活动，在地壳上将伴生出相应的构造活动，直到地球消失。

1.构造运动的动力

散热降温导致了岩浆地球表面冷凝固结生成地壳，在地壳的生成进程中，收缩中的地壳分化出了大陆地壳和大洋地壳两类地壳，并且，随着地球整体温度的下降，地球的整体收缩也将处于不断发展之中。地球地壳岩石的收缩沿地球表面的水平方向形成了水平收缩，水平方向的收缩使地球表面积缩小，地球在整体上也随之缩小。水平方向的收缩使地壳在水平方向产生了相应的水平应力，水平应力在地壳岩石圈内沿水平方向均匀传递，这个水平应力也就是地壳水平方向构造活动的动力。地壳整体收缩时收缩压力对内部岩浆产生了收缩压力，收缩压力方向指向地心，通过地壳内部液态岩浆的液压传递均匀反作用于地壳底部，形成了相应的涨压力。涨压力作用于地壳底部，阻碍地球地壳的收缩进程，垂直向上，这个涨压力就是地壳垂直运动的动力，对于组成物质均匀的地球地壳来说，散热降温带来的冷却收缩只能是地球处在缓慢渐进的缩小之中，不会发生任何构造活动，但是由于构成地球地壳的物质成分存在广泛的差异，从而引发了地球地壳的构造活动。

2.构造运动的形式

水平应力在地壳岩石圈内沿水平方向均匀传递，所有岩石在水平方向相互推挤，形成了相应的水平挤压，由于地壳岩石圈组成物质存在广泛的区域性差异，这就导致了不同区域的地壳岩石具有了不完全一致的结构密度和结构强度，在水平应力的作用下，地壳内就生成了各种各样的水平构造现象。大陆地壳与大洋地壳的分化就是水平应力作用的第一级水平构造现象，在地壳生成时，漂浮层区域是由比表层母质轻的

低熔点熔融物质组成的，这从物质上决定了漂浮层区域将是一个整体强度相对弱的区域，同时这也是大陆地壳与大洋地壳的根本差异。在水平应力作用下，强度不均一的地壳岩石相互推挤时，强度大的区域相对前进，强度弱的区域相对退缩，由退缩形成了地壳物质的相对堆积隆升，因此大陆地壳的生成就是水平应力导致的水平构造现象。

由于飘浮层的物质密度小于表层物质的密度，在自然状态下飘浮层的表面高于表层的表面，对于液态岩浆地球内部任一深度的水平面来说，其上岩浆物质的重量形成了该水平面上的静压力，它也是液态岩浆的自重压力，这就是地球在液态状况下的均衡现象。在固体的地壳生成以前，无论岩浆地球组成物质具有怎样变化运动，在重力作用下，液态岩浆的流变特性随时自行调整表层岩浆与液态飘浮层的表面高度，从而保持相应的均衡状态。在地壳生成时，如果不考虑冷却收缩，表层地壳底部的静压力等于其上固体地壳岩石的自重压力，它也等于与固体地壳底部同一水平面以上液态飘浮层的自重压力。当地球散热降温时整体上产生相应的冷却收缩，固体地壳底部的静压力随之发生了变化，由于地壳冷却收缩的产生，一方面地壳底部的位置向地心收缩，形成相对下降；另一方面，液态飘浮层的表面向外突出，形成相对上升。一降一升，使得与地壳底部同一水平面以上的液态飘浮层的厚度增大，厚度的增大必然导致重量的增加，自重压力也随之增大。在这种情况下，液压现象使地壳底部的静压力仍然等于与底部同一水平面以上厚度增大以后的液态飘浮层的自重压力，但它却大于地壳自身的自重压力，由此产生了一个增量，这个增量的大小就是地壳的收缩压力。对于地壳自身而言，自重压力对地壳自身没有另外的附加作用，而收缩压力通过液态岩浆的液压传递均匀反作用于所有地壳底部形成涨压力，它对地壳具有向上的推举作用，阻止地壳的收缩进程，涨压力构成了地壳构造运动的垂直方向的动力。在古地壳完全生成以前，收缩压力不断使飘浮层凸起抬升，它不断增大飘浮层表面至固定地壳底部的高差，从而使地壳底部以上漂浮层的自重不断增加，地壳受到涨压力也处

在不断地增大之中。对于底部高度不一样的地壳来说，它们受到的涨压力的作用各不相同，地壳底部高度越大，与漂浮层表面的高差越小，该地壳受到的涨压力越小，而地壳底部高度越小，与漂浮层表面的高差越大，它受到的涨压力越大。在岩石地壳完全生成以前，收缩压力使具有流变性的液态飘浮层不断隆起抬升，动态释放固体地壳与内部液态岩浆之间的收缩差和收缩压力，收缩差通过飘浮层的抬升得到释放，收缩压力则由固定水平面之上增加的飘浮层的自重来得到体现。对于所有地壳来说，扣除自身自重以外，它们都以自身的结构强度与收缩压力的反作用——涨压力相对抗，没有形成岩石地壳的飘浮层，由于没有什么结构强度而言，只能抬升高度增加固定水平面上的自重压力，以此来达到相应的平衡。在地球形成完整的地球地壳时，漂浮层区域已经具有相应的高度，这就是涨压力作用导致地壳垂直运动的形式，也是大陆地壳成为凸出地台的基本成因。在地球形成完整的岩石地壳以后，随后的收缩压力无法通过具有流变特性的地球物质随时外部释放，它们只能在地壳岩石圈内封存，在地壳内形成越来越大的涨压力，涨压力与地壳岩石的结构强度相互作用。对于结构强度较小的地壳来说，它们将产生相应的隆起变形，由此形成地壳的升降运动。对于地壳来说，由于固体的地壳与内部岩浆之间不是处于突变的状况，而是随着地球散热降温进程的渐进性发展形成了一个液→塑→固过渡层，这个过渡层也就是地球地壳内部的软流圈，它具有一定的流变特性，继续充当均衡作用的媒介，它也使得地球地壳具有了相应的弹性和塑性状况。在一般情况下，地壳的自重、地壳的结构强度和内部涨压力处于自行调整的动态平衡之中，当地壳表面物质产生运移时，原先的平衡状态被打破，相对不变的涨压力将使地壳产生垂直运动，利用地壳的升降来改变自重的分布，利用地壳自身的结构强度和自重的变化的合力来与内部涨压力继续保持相应的平衡。在地壳的升降运动中，过渡层成为地壳升降的依托，只要内部涨压力与地壳的自重和结构强度发生变化，破坏地壳相应的平衡状态时，具有塑性的过渡层随时产生变形，带动地壳做上下升降

运动,调整内部涨压力与地壳承压力之间的关系,形成新的平衡状态。在地壳岩石圈内部封存的涨压力由此具有了相应的脉动现象,涨压力的脉动现象形成了地球整体上的弹塑性现象。至此,地球地壳构造运动具有了水平运动和垂直运动两类基本的运动形式,地球表面的一切构造运动都是这两类运动叠加的结果。

3.地壳的构造活动

从地球地壳生成开始,构造活动就在地壳上随之伴生。岩浆地球通过表面直接向空中散发热量,岩石地壳也通过表面向空中散发热量。但是,岩石是热的不良导体,地球的散热进程因地壳的生成受到了相应的影响。当内部热量源源不断地向地球表面运移时,它们将在地球地壳底部产生相应的积聚,积聚的热量一方面减缓地壳的生成进程,另一方面在地壳底部形成新的涨压力,涨压力使地球地壳产生相应的变形。当变形程度大于相应地壳岩石的变形限度时,岩石地壳产生破裂,内部岩浆通过破裂处释放到地表面,内部热量也随之得到相应的快速释放,这就是发生在地球地壳上的基本构造活动。通过这样的构造活动,地壳的厚度得到双向增加,一方面,内部热量的快速释放,加快了地壳从底部向下的冷凝生长;另一方面,释放到地表的岩浆在地壳表面堆积覆盖,冷凝固结形成新的岩石地层,地壳从表面向上堆积生长。随着时间的渐进,地球的热量不断散发,整体温度也不断地下降,地壳的厚度也得到不断地增长。

由于地球地壳并不是同时生成的,因此地壳的构造活动不是在全球范围内同时进行的,在漂浮层冷凝固结前,地壳冷却收缩带来的收缩压力通过漂浮层的不断抬升得以相应的释放,由表层岩浆冷凝固结形成的大洋地壳在这个时间段内得以稳定成长,这也导致了大洋地壳成为强度和刚度都强大的地球地壳。在大陆地壳生成后,地球地壳的收缩压力和收缩差在地壳内部封存,涨压力开始作用于地壳。但是,对于大洋地壳和大陆地壳来说,无论在物质的成分上,还是在生成的时间上都存在很大的差异,大洋地壳的强度和刚度都大于大陆地壳。因此,

地壳的构造活动将在大陆地壳上率先进行，通过构造活动，大陆地壳一方面从底部向下冷凝生长，另一方面从表面向上堆积增长，大陆地壳的厚度由此得到了相应的增加。在大陆地壳增厚的进程中，大洋地壳也处在相应的生长进程中，只是构造活动相对平静，在液态岩浆的均衡作用下，大洋地壳至少允许大陆地壳的底部发展到与自身底部相同的高度。也就说，在大陆地壳的底部发展到与大洋地壳底部同高度以前，具有全球属性大洋地壳是一个相对稳定的地壳，它有足够的强度保持对大陆地壳的主导地位，配合地球地壳的构造运动，大陆地壳区域处在相对退却性的堆积之中，相对于大洋地壳，大陆地壳也因此成为地球上的软弱区域。

三、大洋地壳与大陆地壳的差异

1.大陆地壳

古大陆架地壳的生成是从液态飘浮层的外部边缘开始，缓慢向飘浮层的中部发展生成的，越往中部，地壳的生成越晚，厚度也越小，它的承压力也小，在收缩压力的作用下，大陆架中部的地壳不断凸起抬升，以此来释放相应的收缩压力和收缩差。飘浮层的突出抬升产生在具有塑性的地带，这个地带发展生成了古大陆坡。在古大陆坡生成以后，大陆架地壳的凝结继续从大陆坡向飘浮层的中部渐进发展，最终整个漂浮层将全部凝结，完整的地球地壳最终形成。在漂浮层区域，岩浆冷凝固结从大陆坡向中心发展时，环绕飘浮层在大陆坡内侧形成了相应的圈层状况，圈层地带内，地壳岩石的生成几乎同时进行，它们的结构强度、厚度基本相同，它们的承压力也基本相同，这就是大陆地壳上特有的等值承压带。等值承压带将为大陆架地壳的周期性构造运动提供了可能。

大陆地壳的构造活动首先发生在最晚凝结的中部区域，然后逐步向外发展，通过构造活动，中部区域地壳的自重得到增加，它的承压力也随之增大，当它的承压力大于与其相邻的外围区域时，构造活动将随

之向外发展，类似的状况将在大陆地壳内从中部区域至大陆坡间反复进行，由此使得大陆地壳得以通过构造活动得到相应的增厚。地球散热降温是一个缓慢渐进的进程，地球地壳的冷却收缩也是一个缓慢的渐进进程，收缩压力的积聚同样存在相应的时间过程。当构造活动发生时，长时间积聚的收缩压力却在短时间内快速释放，这种状况使地壳的构造活动具有了相应的周期特性，这就是地球地壳周期性构造活动形成的根本成因。

2.大洋地壳

在古地壳的生成中，由于表层岩浆与飘浮层岩浆存在不同的冷凝温度，使得地壳的生成产生了先后，由此使得地球地壳产生了分化现象，先凝结的表层岩石地块构成了大洋地壳，后凝结的飘浮层地块构成了大陆架地壳，并且这种分化将伴随地球一生。从大洋地壳生成开始，大陆地壳与大洋地壳的升降关系就确定下来，大洋地壳总体上处于相对的恒降之中，大陆架地壳总体上处于相对的恒升之中，这是因为：第一，飘浮层本身是由比表层母质轻的低熔点熔融物质组成的，一般情况下，它没有足够的自重自行下沉而引起大洋地壳的相对上升。第二，当飘浮层也进入冷凝固结中时，其他地方的表层岩浆早已生成固体的岩石，并且已具有一定的厚度，在飘浮层冷凝固结的进程中，表层地壳的散热降温活动仍在继续进行之中，表层地壳的厚度也处在不断地发展之中；先生成的厚度大的大洋地壳比晚生成的飘浮层地壳具有更大的抗压强度。第三，对于表层岩石形成的大洋地壳而言，它的承压力允许飘浮层岩石构成的大陆架地壳的厚度不断增大，它最少允许大陆架地壳的底部发展与它的底部处于相同的水平面上。第四，由于大洋地壳与大陆地壳的高度差异，高处的大陆架地壳通大陆坡对低处的大洋地壳传去自重的附加作用，这个附加作用产生两个分量，一个是水平分量，另一个是垂直分量。水平分量使大洋地壳在水平方向产生附加挤压，增大大洋地壳岩石的结构密度，结构密度的增大将增大大洋地壳岩石的比重，同时也增大了大洋地壳的结构强度，大洋地壳的承压力也有所

增大。垂直分量对大洋地壳产生下压，这个下压作用将进一步巩固大洋地壳与大陆地壳的相互地位关系。

　　大洋地壳是由表层岩浆冷凝固结而成，在自然状况下，它的组成物质的比重就大于大陆架地壳的组成物质的比重。在地壳生成时，表层岩浆率先冷凝固结，在相同的时刻，大洋地壳比大陆架地壳具有更大的厚度，由此使得大洋地壳比大陆架地壳具有大得多的承压力，这种状况使得大洋地壳不易产生构造活动。大陆架地壳对大洋地壳的附加作用存在两个方面：一个是水平方向的附加作用，这个水平面分量在大洋地壳内均匀传播，使大洋地壳在自然结构密度的基础上增加了一个附加结构密度，结构密度的增大使大洋地壳的结构强度得到了增加，从而增加了大洋地壳的承压力。另一是垂直方向的附加作用，这个附加作用对大洋地壳的边缘形成了下压力，这个下压力相当于增加了大洋地壳的自重，从而进一步增加了大洋地壳的承压力，这个下压力通过大洋地壳的刚性由大洋地壳的边缘传向中部，并随传播距离增大而逐渐衰减，直至消失。在地壳的构造进程中，随着大陆架地壳的不断抬升，它对大洋地壳的附加作用也处在逐渐的增大之中，大洋地壳的承压力也因此而不断地增加。对于大洋地壳来说，在它发生构造活动以前，它允许大陆架地壳的底部高度不断向下发展，它至少允许大陆架地壳的底部发展到与它自身的底部处在同一水平面上，并且因大陆架地壳的整体结构强度受影响而有所超越。这也就是今天大陆架地壳不仅高大而且深厚的根源，如图一。

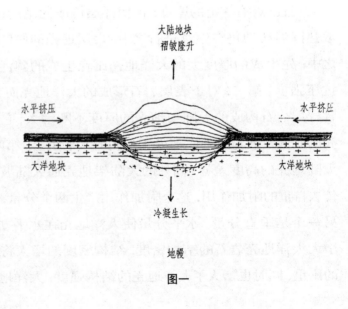

图一

　　大洋地壳构造活动有别于大陆架地壳,它不是从中部开始再向外围发展的,根据大洋地壳的受力状况,它将从外围开始向中部推进,也就是顺着大陆架地壳构造活动的方向向前延续。由于大洋地壳是由组成物质相对均匀的表层物质构成的,它们的结构强度基本一致,承压力也基本相等,如果没有附加作用,将很难确定构造活动的首发地,由于大陆架地壳附加作用的影响,大洋地壳构造活动的首发地得以产生。

　　在大洋地壳与大陆架地壳的交接处,大陆架地壳对大洋地壳边缘在垂直方向上传去了附加的下压力,下压力使大洋地壳边缘一定宽度的范围下凹,由于大洋地壳的中部受到的下压力小于边缘处受到的下压力,在同样涨压力的作用下,大洋地壳的中部相对隆起,中部地壳通过隆起抬升一方面释放了相应的收缩差和收缩压力,另一方面以增加的自重来与边缘地壳保持相同的承压力。如果大洋地壳的宽度相对小,附加下压力将使大洋地壳直接产生一个背斜,大洋地壳将在下压力的作用下在背斜的中部产生破裂而引起构造活动。由于大洋地壳在地球表面广泛存在,它的面积相对宽大,下压力将在大洋地壳的边缘形成两个单斜,图二A就是大洋地壳边缘单斜褶曲,大洋地壳的结构受到了相应的影响,结构强度由此相应减小,它的承压力因此而减小,大洋地壳的构造活动将在此率先产生。由图二可以看出,大陆架地壳与大洋地壳交接处的凹陷是一个向斜地,它是由两个单斜组成,大陆坡的单斜是大陆架地壳隆起抬升而形成的,大洋地壳的单斜是大陆架地壳抬升以后引起的附加下压力压迫大洋地壳边缘而形成的,它随大陆架地壳抬升而逐渐增加倾斜度。对于大洋地壳来说,它的边缘凹陷形成的单斜是由于下压力作用的结果,因为下压力随传播距离的增加逐渐衰减,单斜随下压力产生,并在下压力消失处形成相应的褶曲,如图二的A处,A处就是下压力消失的部位,对于存在一定厚度的大洋地壳来说,A处不是一个点,也不是一条线,而是一个褶曲面。这个褶曲面顺大陆坡的走向,在大洋地壳的外围呈带状分布,形成了相应的褶曲带,对于不同时期、不同厚度的大洋地壳来说,褶曲带存在各不相同的宽度。在A处,组成地壳的岩石受褶曲的影响，产生相应的节理，这些节理垂直发展并向深部延伸，随着褶曲程度的增加，节理将向胀裂发展，在A处形成胀裂面，这将逐步影响A处地壳的结构强度，降低该处地壳的承压力。对于大洋地壳来说，它具有足够的整体刚度和强度，各处地壳的承压力基本一致，只有承压力受影响而减小的地壳能够率先进入构造活动中。这样随着地球演化进程的推进，地壳的整体收缩一方面使内部涨压力不断增加，另一方面，A处地壳的承压力受影响反而逐渐减小，当A处地壳的褶曲变形超过它的变形限度时，构造活动在A处产生。构造活动以涨断裂为主要活动方式，当构造活动发生时，地壳内灼热的岩浆从胀裂处运移到地表，它一方面释放了相应的收缩差和收缩压力，并且带出了相当的内部热量，加快了内部热量的散发；另一方面，释放到地表的岩浆，在断裂处堆积漫延，它们散热降温后冷凝固结形成新的地层，构成次生地壳的组成部分。能使大洋地壳产生构造活动的收缩差和收缩压力是相当大的，它不可能仅在一个断裂或者在短时间内快速释放完成，对于立体的地球来说，收缩存在于整个地球表面，大洋地壳的构造活动也将在全球范围内进行。当构造活动在A处第一次发生以后，相应褶曲带内其他地壳的结构强度在构造活动中扩大受影响的程度，从而加快了涨压力的释放速度，使得构造活动在褶曲带内广泛发生，并由此形成了一个构造活动期。

通过这期构造活动，一方面，大洋地壳由此释放了相应的收缩差和收缩压力，释放的岩浆在A地壳表面生成了新的地层，A带的地壳由此得到增厚，在A带地壳构造活动停止以后，地壳将进入下一轮收缩差和收缩压力的积

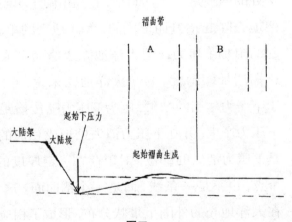

图二

累，为下一次构造活动作准备；另一方面，A带内新表层的生成，既增加了A地壳的自重又使内部岩浆外运，这个状况使A处原地壳的表面产生下降运动，它相当于大陆架地壳的附加下压力的延伸（见图三）。对于原地壳而言，A处地壳表面的下降使A自处的褶曲向B处传播，B处的地壳也由此生成相应的褶曲变形，B处地壳的结构强度、承压力都将在褶曲变形中受到相应的影响而产生下降，这个影响随地壳的整体收缩处于一个逐渐增长的渐变之中。当B处地壳的变形程度超过它的变形限度时，与A地壳类似的构造活动将在B地壳内产生，由此形成了又一个构造活动期。通过这个构造活动，一方面，B处地壳产生与A处地壳一致的现象，释放了地壳整体冷却收缩的收缩差和收缩压力，B处地壳形成新的表层，B处地壳得到增厚，另一方面B处的地壳岩石比A处的地壳岩石年轻。B处地壳新生的地层使原地壳的表面产生下降运动，从而使由A处传来的褶曲通过B处向C处传播，继而影响C处，（见图四）使C处产生出与A，B两处相似的各种效应。在C处地壳经过构造活动以后，C地壳的表面继续产生出新的地层，C处的褶曲继续向大洋地壳的中部传播（如图四），大洋地壳不断产生

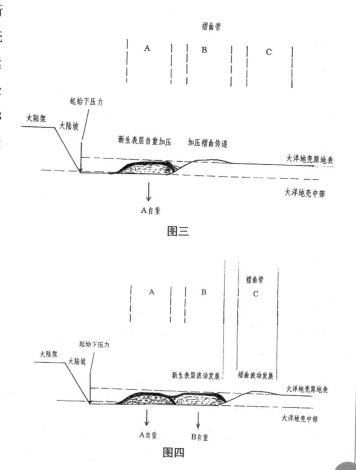

图三

图四

周期性的构造活动,并且生成越来越年轻的地壳表层。这样,以大陆架地壳自重引起的附加下压力为起始因素,从A到B,从B到C地壳依次进行构造活动,也依次逐渐生成新的表层地壳,新生的表层地壳的自重依次作用在各自的原地表,对老的大洋地壳的地表产生了一个渐进的"滚动碾压"效应。褶曲现象从A到B,从B到C依次移动,形成了一个"波动效应",这就是大洋地壳构造活动的基本形式。在大洋地壳的构造活动中,随着地壳收缩长期缓慢地进行,上述的"滚动碾压"效应和"波动效应"使构造活动从大洋地壳的外围不断向中部发展,在中部构造活动结束以后,大洋地壳的表面经历了一次全面的更新改造,但这个更新改造并不是大洋地壳的重新生成,它仅是在大洋地壳的原表层之上覆盖了一层年轻的新表层,这个新表层从外围往中心具有越来越年轻的岩石年龄。地壳的整体收缩随地球散热降温的进程渐进发展,地壳整体收缩差和收缩压力的释放与累积存在周期性,大洋地壳上的收缩差和收缩压力的释放存在同样的周期状况,因此,大洋地壳的构造活动也经历了许多周期性循环,大洋地壳的表层也因此经历了多次周期性的循环更新,大洋地壳也因此产生了明显的循环更新周期和构造活动周期的双重周期性构造活动。今天的大洋地壳的表面就是大洋地壳最后一轮循环更新的产物,太平洋的最后一轮循环更新发生在距今2.5亿至0.26亿年(见图五),在今天,只是由于地球的整体冷却收缩已经到了相当的程度,已没有足够的收缩差和收缩压力来引起新一轮的全球性的构造活动。

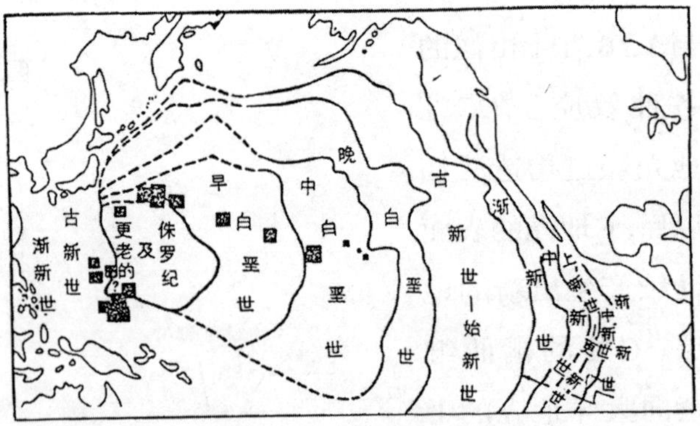

图五　太平洋洋底年龄图

地壳构造活动周期性的存在,带来了地球系统体系运动广泛的周期特性。在地球形成的

初期，地球表面相对平坦，大陆地壳与大洋地壳不存在今天这样大的高度差异，在相当长的时间里，地球表面被水体全面覆盖，由于水的存在，构造活动相对和缓。构造活动中，内部炽热岩浆的快速外部运移，带来了地表大气环境急速的巨大变化，特别是大洋地壳的构造活动，它更引起全球范围的气候变化，这种大气环境的急速变化对地球生命系统带来了毁灭性的灾难，同时也为地球生命的大规模爆发创造了条件，这也就是地球生命周期性大规模爆发和灭绝的根本起因。地球近代生命史上的恐龙就是在这样的构造活动中逐渐灭绝的，根据已有的探索，恐龙生存在侏罗纪到大约距今6500万年期间，此期间正是太平洋地壳距今最近的构造活动期，而作为距今6500万年的喜马拉雅运动则结束了这个活动期内地球的整体收缩，恐龙也在喜马拉雅运动中遭到最后的毁灭，作为今天太平洋地壳洋底岩石年龄的分布状况已经成为一个很好的证明。根据已有的探索，在各个年轻的洋底上存在许多年老的岩石，它就是本书的大洋地壳构造活动形式又一个证明，否则就是难解的地球之谜。

大洋地壳构造活动的能量直接来自于地球内部的软流圈层，由表及里，内部圈层的温度存在相应的梯度，不同温度状况下，磁性物质的磁性特征不完全一致，大洋地壳构造活动发生时，外部运移的岩浆存在不完全相同的温度，对相应地带的老洋壳的影响也不完全一致。这种状况引起了不同时期的洋壳岩石具有各自的磁性特征，这种磁性特征根据广泛的构造活动具有了相应的区域性，这种区域性磁性特征的状况形成了相应的海底磁异常条带的存在。海底磁异常条带的存在则从另一个方面证明了本书的大洋地壳构造活动形式，海底扩张的磁异常条带也仅仅只是这样的一种状况而已。

大洋地壳的循环更新构造活动是由于大洋地壳的受力状况带来的现象，这个更新并不是完全的重新生成，它仅是在大洋地壳的表面不断覆盖新的表层。在大陆架地壳上存在近40亿年的古老岩石，如果大洋地壳下部未发生过重熔，它应该存在至少40亿年的岩石。当古老的大洋

地壳岩石在构造活动中被逐渐埋向深处时，在温度和压力的作用下，它们将产生一定的重熔，同时构造活动也不断破坏所有岩石圈层的同一性和整体性，形成各种各样的切割现象和侵入现象，只有留下的未重熔的岩石才成为大洋地壳上的最古老岩石。在大洋地壳合适位置的深海钻探将能够了解大洋地壳上存在的最古老的岩石和大洋地壳循环更新周期存在的次数。

在大洋地壳的更新构造活动中，对于承压力基本一致的大洋地壳来说，如果外力的附加基本一致，大洋地壳的构造活动将从外围向中部相对对称地发展。但是，不同大小的飘浮层存在不同的完全冷凝时间，飘浮层覆盖面积越大，冷凝时间越长，最后冷凝的飘浮层凸起最大，由此形成了不同地形的大陆架地壳。这个不同地形的大陆架地壳给大洋地壳的外围带来了不同的附加作用，地形越高大，它的附加作用也越大，影响的距离也相对远，造成的褶曲幅度也相对大；地形越矮小，它带来的附加作用就小，影响的距离也相对近，造成的褶曲幅度也相对小，由此大洋地壳构造活动的对称性受到了影响。首先是构造活动的发生时间产生了差异，其次是构造活动产生的区域范围产生了大小差异，这种差异的存在与否在今天的太平洋地壳和大西洋地壳上得到了很好的体现。对于今天的大洋地壳来说，在构造活动的时间问题和构造活动的循环周期问题上已无法进行准确的求证，能够探索的只有大洋地壳岩石的年龄和相关区域沉积物的地质年代。大洋地壳的循环更新是由于大洋地壳的受力状况带来的现象，在总体上，它沿袭大陆架地壳构造活动的发展趋势，在大陆架地壳厚度增加、承压力增大时，它允许大陆架地壳的厚度不断增加，它最少允许所有大陆架地壳底部的高度发展到与自身的底部处在同样的高度位置，并且因为大陆架地壳整体强度的减弱而有所超越，这种状况直接生成了今天大陆架地壳不仅上部地形高大而且下部也深厚的现象，这样的地壳构造状况是无法用简单的均衡现象来解答的，它是众多因素综合形成的一种动态平衡状况。对于大洋地壳自身来说，附加作用引起的边缘凹陷，实际上就是大洋地

壳中部的相对隆升，它构成了大洋地壳的中部褶皱，因为大洋地壳具有基本相同的结构，它的承压力也基本一致，因此大洋地壳的起始构造活动不是从隆起的中部开始，而是从边缘产生凹陷的褶曲处开始，向中部发展的，这是有别于大陆架地壳的地方。大陆架地壳是地壳整体收缩的第一表现，它生成了地球表面的第一级褶皱，它是大陆架地壳区域内收缩差和收缩压力的释放，在地壳的进一步收缩中，大陆架地壳通过中部不断抬升来释放地壳的整体收缩效应。大洋地壳的构造活动释放了大洋地壳区域内地壳的整体收缩效应，中部褶皱的生成是地壳整体收缩带来的收缩褶皱，同时也是大洋地壳区域内地壳收缩差和收缩压力释放的结果。在大陆架地壳上，由于它整体上的不均一性以及整体结构强度较弱，它构造活动的规律性比较弱，并且相对弱的规律随构造活动的进行呈进一步减弱的趋势。地壳的构造活动是地球演化进程中的必然事件，表层大洋地壳的整体收缩导致了大陆架地壳的生成，并且使大陆架地壳率先进入构造活动之中。大陆架地壳又反过来影响大洋地壳，使大洋地壳也产生了相应的构造活动，大洋地壳的整体收缩导致了大陆架地壳的生成，这是地球表面的第一级收缩褶皱。而大陆架地壳自重的附加下压力使大洋地壳外围下降，大洋地壳中部的相对隆升，形成大洋了大洋地壳中部的褶皱，它是地球表面的第二级褶皱。这两级褶皱是地球表面的基本褶皱，它们随地球演化进程的推进处于不断地发展之中，它们伴随地球的形成而产生，它们伴随地球直到永远。在地球地壳的构造活动中，大陆架地壳的抬升，大洋地壳的中部隆起是地球地壳整体收缩的效应，具有全球性的控制意义，构造活动具有相当大的周期性、广泛性，收缩压力和收缩量的释放是众多单个构造活动收缩压力和收缩量释放的集合。在广泛的构造活动中，单个的构造活动是地壳整体构造活动的具体表现，它并不能引起地壳的整体抬升或隆起，它只能使构造活动产生地的地壳增厚，这些众多的单个构造活动构成了地球地壳的周期性构造活动，它们共同使地球地壳在构造活动中不断增厚。

3.洋脊的生成

大洋地壳的循环更新构造活动是由于大洋地壳的受力状况带来的现象，也是地壳整体收缩在大洋地壳上的表现。大洋地壳的中部隆升形成了一个巨大的背斜，构成了地壳的第二级收缩褶皱。当大洋地壳的循环更新构造活动从外围向中部发展时，中部背斜最高部分的构造活动是一个循环更新周期最后的构造活动，这里的岩石年龄相对最轻，其上的沉积物也相对最少。在今天的大洋地壳上，地壳的整体收缩量在中部背斜上通过广泛的涨断裂生成了众多的海底山岭，它们共同构成了巨大的海底山脉，它就是洋脊。地壳的收缩具有全球属性，大陆架地壳部位的整体收缩通过大陆架地壳的中部抬升得到了相应的释放，大洋地壳部位通过大洋地壳的循环更新释放了相应的收缩量，最后生成的洋脊依然具有全球属性，它们在大洋地壳上，在全球范围内首尾相连，形成了一条巨大的海底山脉，当它们与大陆架相连接时，往往消失于一些断裂构造之中。洋脊是胀裂构造的产物，而大陆架地壳内相应的部位处没有相应的涨压力和岩浆物质，洋脊生成时，大陆架地壳受影响后没有足够的岩浆物质来填充，就留下了不同程度的各个胀裂构造。在地球表面，除去太平洋以外，各大洋洋脊的生成基本位于大洋地壳的中部，整体走向依随大陆架地壳的轮廓，它们又称为洋中脊，大西洋洋中脊具有典型的意义。造成这种状况的原因是由于不同地形的大陆架地壳对相同的大洋地壳带来了不同的附加影响，在大西洋两侧，大陆架地壳的地形状况基本一致，它们对大西洋地壳的附加作用，特别是附加下压力基本上处于同等地位，它们对大西洋地壳两侧的附加影响基本一致，从而使大西洋地壳的循环更新构造活动能在两侧相对对称地发展，从而造就了大西洋洋中脊。对于太平洋地壳来说，上述对称性遭到破坏，在太平洋西侧存在全球最高大的欧亚大陆架地壳，而在太平洋的东侧则是相对小得多的美洲大陆架地壳。因此，巨大的欧亚大陆架地壳带来了相对大的附加影响，在太平洋地壳上生成了有别于大西洋地壳上的海底地形：第一，太平洋洋脊的生成偏向于美洲大陆架；

第二，生成了东太平洋洋隆；第三，生成了西太平洋深海海盆，这种状况的产生主要因素是大洋地壳的受力状况。对于地球地壳来说，无论是大陆架地壳还是大洋地壳，它们构造活动的总体趋势取决于它们自身的受力状况，它们也由此形成相应的总体规律，但在广泛的构造活动中，会产生许多不确定的活动状况，由此在不同的大陆架地壳上，在大陆架地壳不同的区域上，会产生更多的低级构造活动规律，这些有待进一步的深入探索。

无论是大洋地壳的循环更新构造活动，还是大洋洋脊的生成，还是洋盆的生成，它们都与大洋地壳的受力状况息息相关，它们之间存在自然的因果关系，在大洋地壳的受力状况中，大陆架地壳的附加下压力是上述自然现象生成的主导因素，如果不能把这个主导因素准确提取出来加以说明，大洋地壳的构造活动将无法被正确认识。在大洋地壳的构造活动中海水的存在也起到了相当的控制作用：第一，海水的自重对大洋地壳形成了相应的下压力，相当于增加了大洋地壳的承压力；第二，海水的覆盖，对大洋地壳的表面形成了相应的保护，它既具有保温和平衡作用，使大洋地壳的表面岩石不产生较大的温差，又能使大洋地壳的表面岩石免受地球表面环境频繁的外力改造作用；第三，海水的存在使构造活动中的岩浆不易快速冷凝固结，由此使岩浆产生了相应的漫延覆盖，这也导致了平坦海底地形的形成。

上述的地壳构造活动，并不单是地壳自身的构造活动，这是依赖地球演化进程的纯地球概念的地壳活动的表现方式，它是一个基础，地壳的演化构造活动将在这个基础之上进行。

4.地壳的运动

对于地壳的运动来说，它是一个相对运动，它存在两个方向上的相对运动，一个是水平运动，另一个是垂直运动。这两个运动又存在三种基本情形：第一种情形是依赖于地球演化进程的运动，水平运动是不相同的两点随地球的演化进程不断缩小它们之间的水平距离，垂直运动是地球的整体收缩不断改变同一点不同时刻的高度位置；第二种情

形是基于地球表面物质的区域差异形成的运动，水平运动是软硬地块间的相对运动，强硬的大洋地壳地块相对不动，软弱的大陆架地壳不断缩小占地范围，垂直运动是水平运动中软弱地块组成物质产生的推挤堆积，由此引起了软弱地块的相对抬升和强硬地块的相对下降；第三种情形是地球表面环境的外力作用带来的运动，水平运动是各种外力对地壳表面岩石的搬运使地壳异地重新生成，垂直运动是水平运动的附加影响带来的运动，因为水平运动改变了地壳原有的压力平衡状况，垂直运动随时调整相应的涨压力和地壳承压力之间的平衡，对于实际的地壳的运动状况来说，它是众多影响相互叠加的结果，这种后果增加了地壳运动的复杂性，同时也增加了认识地壳运动状况的难度。对于第一种情形的运动来说，早期的高温地球在散热降温中引起了地球整体上的冷却收缩是一个比较直观的事情，由此形成地壳的水平运动和垂直运动也是一个很明确的现象。而第二种情形的运动则是基于第一种运动的发展，由于地球表面地壳的物质组成差异使地壳产生了区域性差异，不同区域的地壳岩石地层存在各不相同的收缩状况，而且地壳不是一次性充分形成的，由此进一步增加了不同地块间的收缩差异，不同地块间的收缩差异在水平方向形成了不同地块间的相对水平运动，在垂直方向引起了不同地块的相对垂直运动。在地球表面，存在许许多多水平构造现象，如山字形构造、多字形构造、入字形构造、莲花形构造以及各种状况的弧形构造，这些都是不同地块不同的收缩状况形成的水平构造现象。水平构造现象产生于整个地壳，人们所看到的仅是出露在地表的部分，而地下的则需通过一定的仪器或设备去进行探测，这些水平构造现象就是第二种情形的地壳的水平运动。而作为第二种情形的地壳垂直运动则是水平运动的伴生运动，在水平运动中，强度相对弱的一部分地壳形成推挤堆积，这个推挤堆积也就是一种褶皱现象，褶皱隆起形成了相应的垂直运动现象。在不同的地壳构造状况下，有的褶皱形成了褶皱山，有的褶皱则成了外力搬运的对象，第三种情形的地壳运动由此产生。当然，并非仅是褶皱隆起可成为外力搬

运改造的对象，所有的高地都可成为外力搬运的对象，这也是大陆架地壳处于恒升之中的基本原因之一。对于大陆架地壳来说，由于它处在高处，它是外力搬运的主要对象，这样，在地壳的构造演化活动中，大陆架地壳在整体处于一个中部凸起剥离，外部沉积增生的演化状况，由此构成了大陆架地壳的一个基本特性。地壳的运动是一个相对的运动，垂直方向的相对运动引起了高山和大海生成，这种相对运动在不同的范围上又产生不同的特性。对于整个地壳来说，大陆架的相对抬升和大洋地壳的相对下降则具有一定的绝对性，这是对于整个地壳而言的基础。在大陆架地壳上，基于地壳增厚的演进状况，它将产生众多的变化状况，沧海桑田的现象也因此得以产生。而在大洋地壳上，不同的大洋地壳受到了不同的附加影响，构造活动的周期性和构造活动发生的时间产生了差异；水平方向的相对运动引起了地壳地块间的相对运动，地块的形成是基于地壳组成物质的区域性差异而形成的。在地球的表面，大陆架地壳和大洋地壳形成两种基本地块，由于它们的物质组成差异，使得它们在构造演化中形成了不同的结构密度和整体强度。在地球的散热降温进程中，两种不同的地块产生了不同的收缩状况，这个收缩差异在水平方向则形成了地壳地块间的相对水平运动。由于大陆架地壳在地球表面不只是一个，而且相互间大小不一，在地球表面也不均匀分布，大陆架地壳的收缩状况在地球表面的不同区域产生了不同的收缩差。因此，地壳的相对水平运动在地球表面的不同区域产生了相互差异，这种差异配合大洋地壳的大小状况又产生了进一步的差异，洋脊部位平移断层的形成就是这种差异的最好体现。地壳的运动是一个缓慢的运动，总体上的相对垂直运动是随地球散热降温、冷却收缩的演化进程而渐进地发展，并且将逐渐趋于停止，局部的垂直运动是随外力对地球表面物质的搬运状况而引起的，它与地壳的整体收缩状况、地壳的结构强度状况、地壳的自重状况以及地球的演化进程息息相关，它处在相应的动态平衡之中。在地球地壳的运动之中，存在一个普遍的问题，就是组成地壳的不同地层具有不完全一致的运动状况。

虽然构造活动在地球表面广泛发生，但不是所有地壳的重生，构造活动只是释放了相应的收缩压力和收缩量。而在构造活动中，地壳被分割成众多的地块，并在构造活动后埋向地壳内部，它们将自行整合，在地壳内形成新的地层，这些新地层的组成物质已经固化，它们的主动收缩已很小。这样，地壳内部不同深度处的岩石地层具有了不完全一样的收缩状况，由此在地壳内造就了更为复杂的地壳运动状况。

5.地壳板块的形成

地壳板块的形成第一原因是基于地壳组成物质的区域性差异，由此在地球表面形成了两种基本地壳板块，大陆架地壳板块和大洋地壳板块。这两种地壳板块构成了地球地壳的基本构造，在它们之上产生了各具自身特性的地壳构造活动和地壳演化活动。地壳板块形成的第二个原因是在洋脊的生成以后形成的分割状况，它是在基本地壳板块基础上的分化，也就是现代地质学上所称的离散边界，现代洋脊上的胀裂活动是地球整体收缩的最后表现，也是大洋地壳循环更新构造活动的尾声，它带来了海底扩张的假象。地壳板块形成的第三个原因是海沟带来的分割现象，海沟是大洋地壳与大陆架地壳接合部位的巨大凹陷，它是相对坚硬的大洋地壳在水平应力作用下对大陆架地壳根部的俯冲切割，它构成了地球表面的最低地形，也是海沟岛弧的生成原因。同时它也是高处大陆架地壳对大洋地壳存在附加影响的一个重要表现，它就是现代地质学上的敛合边界。大陆架地壳板块、大洋地壳板块是地壳的物质组成差异形成的地壳板块，它们是原始地壳板块，洋脊胀裂带、海沟系列是地壳经历了构造演化活动以后形成的地壳分割构造，它们构成了地壳板块的活动边界，原始地壳板块由此产生了分化，形成了相对运动的活动地壳板块，它们的最终形式形成了今天的现代地壳板块。地壳板块的形成不是人为的划分，物质组成的差异是地球演化进程中自然产生的状况，运动边界的生成是地球构造演化活动在地壳上的自我表现，它们是不以人的意志而改变的客观存在，人们能做的仅是怎样正确地去认识它，从本质上去认识它。海底扩张的地壳板块构造学

说认识的仅是一种表象，除了洋底地质年龄的分布状况带来了一点希望以外，它没有其他任何支撑，这也是当今地球科学对地球的认识不能产生新的飞跃的原因之一。对地球的认识必须全面、系统、统一，正确的起点，正确的方向，正确的演化理论，只有这样，才能正确认识地球的每一个客观存在。

6.海沟与岛弧

在地球的演化进程中，随着散热降温进程的渐进性发展，地球在整体上处于持续的冷却收缩之中，地球地壳也处在不断的冷却收缩之中。由于地壳物质组成的区域性差异，地壳被分成了许多地块，不同的地块存在不同的收缩状况，由此产生了不同地块间的相对水平运动和众多水平构造现象。海沟与岛弧系列就是大陆架地壳与大洋地壳水平推挤作用过程中形成的产物，它是地球表面有别于大洋地壳和大陆架地壳以外的第三类构造活动的产物。在大洋地壳的受力状况中，它在自身的水平方向存在固有的水平应力，这个水平应力是同一水平面所有地壳所共同拥有的，它们在全球范围内处处相等，形成一个均匀的水平应力圈，在相同的水平应力作用下，大洋地壳和大陆架地壳形成了各自的岩石结构密度。当大陆架地壳隆起抬升时，均匀的水平应力圈被打破，抬升的大陆架地壳对大洋地壳传去了自身自重压力的附加影响。这个附加影响根据大陆坡面与大洋地壳平面的交角分为两个方向的附加作用：一个垂直附加作用，另一个是水平附加作用。垂直附加作用形成了相应的下压力，它使大洋地壳的边缘部位向下凹陷，而它的反作用力则对大陆架地壳形成上举；水平附加作用则增加大洋地壳内的水平应力，它将增大大洋地壳岩石的结构密度，它的反作用使大洋地壳在与大陆架地壳的交接处形成了相应的推挤剪切。如果不考虑附加下压力的影响，推挤剪切方向位于大洋地壳平面的延伸面上，由于附加下压力的存在，推挤剪切方向向下发生偏转，大陆架地壳越高大，附加作用也就越大，剪切偏转方向也越大，反之越小。对水平推挤作用而言，大洋地壳是它自身的整体作用，而大陆架地壳仅是与大洋地壳接触处沿推挤方

向上的部分大陆架地壳，随着推挤剪切方向的向下偏转，大洋地壳推挤方向上的大陆架地壳支撑体位越来越小，由此导致了大陆架地壳在水平推挤过程中的退却和堆积。在水平推挤作用中，大陆架地壳的退却是沿推挤剪切方向上大陆架地壳内地壳岩层的联动，只要相应的地壳岩石具有足够的强度，它将传递相应的作用力。当内部一定部位的岩石没有足够的强度进行推挤作用力的传递时，此处岩石在挤压中产生变形，内部涨压力得到增加。对于这样的涨压力而言，它只能向上对其上部的地壳产生影响，只要上部地壳岩层具有足够承压力，涨压力将在地壳岩层内积聚，地壳岩层将在涨压力作用下向上凸起变形。当地壳岩层的变形超过其变形限度时，胀裂构造活动产生，火山由此形成，随着地球演化进程的推进，这样的结果导致了海岸山脉和火山岛的大量形成。在大洋地壳与大陆架地壳的水平推挤过程中，它们是以大陆坡为作用过渡带，无论是下部海沟的生成，还是大陆架上火山岛的生成它们都顺着大陆坡的走向发展，由此造就了海沟与火山岛系列的弧线形地质构造现象。在地壳整体收缩中，当大洋地壳与大陆架地壳在相互接触处产生剪切时，大洋地壳在发生剪切的相应部位下插进大陆架地壳，下插的方向和深度视大陆架地壳的大小状况和发生剪切前水平推挤作用下相应部位的大洋地壳的变形总量而定。伴随着剪切现象的发生，产生出以下相应的构造现象：第一，剪切处产生了下陷切口，形成了海沟。第二，剪切发生时，原先相互作用着的两地块沿剪切线相互错动，原先在剪切线上的结构力突然消失，受挤压产生变形的岩层随结构力的突然消失将产生快速的回弹，形成类似逆掩断层的地质状况。上部的大陆架地壳在剪切处对大洋地壳形成覆盖，下部的大洋地壳推动推挤方向上大陆架地壳内部的相应物质，由此形成一系列的剪切现象。大洋地壳也由此挤插进大陆架地壳的内部，插入深度取决于大洋地壳剪切部位挤压变形的回弹量，最终的深度将在地球演化进程中不断发展。在剪切部位大陆架地壳和大洋地壳的结构将发生相应的松弛，这时的岩石结构密度也相应下降，由此构成了大洋地壳上海沟处重力异常的异常

变化。第三，大洋地壳与大陆架地壳在剪切处的相互错动形成了两类地块的叠加，造就了地壳板块的"俯冲"现象，同时也带来了大洋地壳与大陆架地壳的物质组成在交接部位的较大的突变状况。第四，下插的大洋地壳岩层在剪切产生以前已经使剪切方向上相应的内部岩层产生出相应的挤压变形，并产生了相应的剪切作用，变形程度和剪切作用随作用深度的增加逐渐衰减。当剪切发生时，从地表至地下一定深度的范围内，沿剪切方向上的岩层依次产生断裂，它们引发了相应的断裂地震，挤压变形的大洋地壳产生一定的回弹效应。回弹的大洋地壳伸展下插，推动下插方向上与之相连的内部岩层，产生联动效应。当内部某个深度处的岩层没有足够的强度传递联动效应时，该处将快速产生物质积累，涨压力快速增加，从而引发构造活动。在不同的地质时期，随着地壳自身结构状况的不同，产生了众多的构造活动现象，火山岛、火山山脉、海岸山脉将由此生成。第五，水平推挤形成的挤压剪切是以大陆坡的存在为媒介的，而大陆坡是一个环绕大陆架地壳的围坡，因此，海沟、火山岛、火山山脉在大陆架地壳的周边地带形成了相应的弧线形分布状况。另外，水平应力的扩散与集中效应也造就了海沟与火山岛弧形构造现象，同时水平应力的扩散与集中现象也是地壳表面一切弧形构造的现象产生的根源。

海沟的生成仅是地球表面一个简单的地壳构造现象，它并不是现代地球科学所说的地壳板块的消亡地带，所谓的地壳消亡仅是下插的大洋地壳被相应的大陆架地壳覆盖而已。从现代地质学的角度出发，它是一个巨大的逆掩断层，它的下盘与软流圈及上地幔相连，因为软流圈没结构强度，无法沿固定方向传递推挤作用，而是通过流变特性发散性传播涨压力。对于大洋地壳来说，形成海沟的作用机制普遍存在，它可在所有大陆架地壳的外围生成海沟，最终的生成状况取决于地壳的整体收缩状况。由于地球的自转，地球的组成物质在赤道面方向上存在相应的离散偏向状况，这将导致地球经向间的收缩率大于纬向间的收缩率，因此，地球表面上海沟的走向与存在以经向排列为主。对于不

同的大洋地壳来说，海沟的生成与发展也存在各不相同的状况，它们受到众多因素的综合影响。在今天，海沟的发展已趋于停顿状态，太平洋两侧的海沟发展形成了环太平洋地震活动带，这也表示海沟生成的作用机制还未完全消失，大西洋两侧的海沟已经发展成为陆隆，它表示大西洋外侧海沟的作用机制已基本消失，同时也表示大西洋与太平洋以及两侧的大陆架地壳的构造演化活动存在相应的时间差。这个时间差的存在使得先产生构造活动的地壳有更长的时间进行各种各样演化活动。大陆架地壳也经历更长时间的外力改造作用，形成了相对古老的地壳岩石的出露，外力搬运的物质充填了相应的海沟，大西洋海岸的陆隆得以生成，实际上这样的状况也就是大陆架地壳的中部凸起剥离外部沉积增生的大陆生成状况。大西洋洋中脊的胀裂构造活动带则是又一轮收缩压力和收缩差在大洋地壳上的释放，如果没有这样的释放活动，也会形成环大西洋地震活动带，海沟也会继续发展，同时也许会在大西洋两侧形成高大的海岸山脉。

从宏观的角度出发，地球的演化相当的简单，宇宙空间一个灼热的岩浆地球，在自然的散热降温过程中不断冷却，不断收缩。在这个进程中，岩浆地球逐渐凝结成固体的岩石地球，这个岩石地球又不断地进行着散热降温，它同样也不断地经历着冷却与收缩。在冷凝固结与冷却收缩的进程中，地球外表的形态处在不断地改变之中，高山、大海、丘陵等得以生成，这就是地球自身的演化。地球的生成是现代宇宙演化的中间产物，地球的存在是由于现代宇宙演化进程的缓慢，当现代宇宙的演化进程到了一定地步的时候，组成地球的物质将全面衰变，地球不是今天的地球了，就像冰化成水，水化为水汽，一切都烟消云散了，这是现代宇宙演化的终结。但是，现代宇宙的演化过程有多长，谁也无法探索，在宇宙的演化进程中诞生了一个地球，在地球的演化进程中产生了地球的生命系统体系，在地球生命系统体系中诞生了地球人类。因为诞生了地球人类这才诞生人所具有的主观能动性，它包括人的思维功能、认识能力、改造能力和创造能力。从人已有的时间概念出发，人类

自身已经存在很长时间了,作为地球存在的时间则是更加的漫长。在这个漫长的时间过程中,地球简单的演化方式却衍生了丰富的演化内容,形成了庞大的地球演化系统体系。并且,这个庞大的地球演化系统体系随地球演化进程的推进不断地发展变化,由此形成了今天的地球世界。

地球的宇宙环境衍生了地球人类,地球人类为了更好地生存需要认识人类自身与自然环境的相互关系,因此需要认识地球、认识宇宙。在人类认识大自然的过程中,地球人类形成了庞大的科学探索体系,在人类科学的自然探索中,人们不断地从各个具体的客观事物着手,在认识具体事物的情况下去寻求深一层的真理,人类的认识由此不断地得到发展。从目前的情况来看,现有的地球科学的基础理论已经相对滞后,尽管人类对大自然已经取得了大量的感性认识和理性认识,但作为现行的地球科学的基础理论需要创新,需要突破,需要飞跃。为此本人从另一个角度和特殊的切入点对地球的演化作了一点探索,本文就是本人的探索结论。虽然本文中缺少严谨的科学哲理,但这并不是本文的核心,它的核心是希望人们从简单的常识中来认识我们的地球。

宇宙的本源

宇宙很大很大，宇宙包罗万象，衍生万物，千百年来，人类对宇宙的一切进行了广泛的探索，取得了许许多多的认识。笔者并不是一个正统的科学工作者，没有能够加入到科学探索的行列。二十年前，一个机缘，使本人得到了打开"宇宙之门的钥匙"。二十多年过去了，本人对宇宙的一切，形成了一个确定的、系统的、统一的个人认识，现以此文把笔者的宇宙认识进行一个简单的全面说明。

一、宇宙运动的两个主题

从宏观的角度出发，宇宙的运动其实是很简单的，它的运动主要表现在两个方面：

1.宇宙运动的第一个主题就是宇宙空间温度在极限高温与极限低温间的振荡运动。

2.宇宙运动的第二个主题就是宇宙空间物质在有形与无形之间来回变化。

这就是宇宙运动的两个主要内容的简单形式，围绕宇宙运动的两个主题，必须对宇宙的相关要素作一个全面的讨论。

二、宇宙运动的三要素

（一）温度

宇宙的运动是无限的，它存在一个周期运动的宇宙项，这个宇宙项就是温度。第一，时间是绝对的，也是无限的，既存在无限的过去，更

存在无限的未来，无始无终；第二，空间是绝对的，也是无限的，无论原点在哪里，X,Y,Z三个方向都可以无限延伸，无边无际，时间和空间都是绝对无限的变量，对于无限的宇宙运动来说，它们无限对无限，无法重复；第三，在无限的空间，温度现象无处不在，但对于宇宙空间任一点来说，温度可以是高的，也可以是低的，这是一个无法直观理解的变量，无论温度怎样变化，它只可以在原位置升降变化，没有相应的空间方向。无论温度值升高或者降低，它都不会产生出无限的结局，都存在相应的极限位置，这个极限位置的温度值就是相应的极限温度。在高温方向存在一个极限高温，在低温方向存在一个极限低温，因此，这两个极限温度使温度成为一个有限的变量，并且，温度在极限位置处，将反向变化，这就形成了宇宙空间温度变化的周期属性，温度就是宇宙无限运动的关键宇宙项。

（二）空间结构

首先，无限的宇宙空间并不是一个整体的东西，它是无数个极其微小的点空间堆积相连而成，这个极其微小的点空间没有名称，笔者称这个点空间为宇宙黑洞，无数个微小的宇宙黑洞相互堆积构成了一个无限的结构体系，它充斥在整个宇宙空间，成为宇宙的一个背景结构，这就是宇宙黑洞背景结构体系。另外，在广泛的宇宙空间温度现象无处不在，点空间是宇宙空间的一个组成部分，它同样存在相应的温度。因此，点空间就成为温度存在的依托，从温度变化现象出发，点空间就像一个温度井，温度的大小相当于井口的高度，宇宙空间的极限低温就是这个温度井的底，这种情形相当于一个洞的形式，所以，本人称这个点空间温度井为宇宙黑洞。不考虑物质的存在，整个宇宙就是一个无限的黑洞。从宇宙黑洞温度井的角度出发，无论温度高低，井口的温度形式始终存在，它具有相应的温度值，是可以探测的，而井口内则是一个无法探测的状况，这就形成了宇宙黑洞的视界现象。这个视界现象笔者暂时很难用准确的文字来进行表述，但可以用一个比喻来形象地说明，众多宇宙黑洞点空间的温度相连成片，构成了一个立体的温度体

系，这就是宇宙黑洞背景结构温度体系。对于立体的空间体系来说，点空间的温度变化没有方向，是一个标量。如果把这个立体的温度体系归化到平面体系看待，温度体系就成为一个温度面，而温度就是这个温度面的高度，当温度产生变化时，就是这个温度面的高度产生了相应的上下振荡现象，这个温度的振荡现象是可以探测的，这就是视界的形象化比喻。这个形式相似于水平面的状况，在二维的平面系统面，水面的高度是没有方向的，它是一个标量，但从三维的立体系统看，水面的高度就是第三维，它具有了相应的方向，可以直接观测水面的高度状况。但是，高度上下振荡现象仅仅产生在水面，我们只看到水面上的高度变化状况，无法了解水面下的状况，水面就具有了相应的视线分界状况，这就是相应的视界现象。这就是宇宙空间结构的简单状况。

（三）原始物质

"宇宙量子"是宇宙的原始物质，宇宙量子极其微小，它处在物质粒子的最顶端，它是组成有形物质的基本成分，它是单一的，比夸克更小，它没有具体的运动形式，与有形的物质粒子相比，宇宙量子是无形的。宇宙量子没有自身单独的能量状况，它的能量现象取决于自身的数量状况和环境温度状况。

温度振荡、空间结构、宇宙的原始物质是探索宇宙的三个关键要素，它们存在各自的运动方式，当把它们各自的运动方式有机结合起来时，一个无限的宇宙运动得以生成。下面对温度振荡运动，空间结构的运动方式，宇宙原始物质的运动方式作一个具体的简单说明。

1.温度振荡

在宇宙无限运动的温度振荡中，极限低温是宇宙运动的决定性事项，它具有强大的负能量吸引作用，这个吸引作用构成了宇宙空间强大的引力源作用。在引力源的吸引作用下，空间温度始终向低温方向运动，直到极限低温生成，在温度到达极限低温时，温度变化运动触底反弹，转向高温方向运动，并在极限高温生成后，极限低温引力源的吸引作用使温度再一次向低温回复，这就形成了宇宙空间温度的振荡运动。

如果没有宇宙原始物质的存在，这个温度的振荡运动是均匀的，空间温度在两个极限温度间均匀地无休止地跳动着。

2.空间结构

宇宙的空间结构就是宇宙黑洞背景结构体系，空间是不运动的，温度也不运动，温度的变化只在空间任意点上原地不动的高低振荡。如果把立体的温度体系归化平面体系上，宇宙空间温度的振荡运动就是宇宙黑洞背景结构体系温度面上下振荡。在没有物质的空间，空间温度处处相等，无论温度大小，空间温度面是平坦的，宇宙空间相当于是一个平直的空间，空间温度的振荡运动相当于温度面在一个固定的高度间上下运动着。当极限低温强大的负能量吸引作用吸引空间温度向极限低温方向运动时，在整个宇宙空间形成了强大的能量场，这个能量场就是向低温方向的冷能。这个温度向低温方向的能量状况是一个特殊的状况，笔者很难用准确的科学语言来描述。打个比喻，如果把温度面比作水平面，这样的话，宇宙空间的能量场就相对直观了许多，极限低温相当于地球的中心，引力源相当于地球的重力作用，这样，向低温方向的冷能就相当于地球表面指向地心的重力势能。以水为讨论对象，水体及水平面在地球重力作用下的相关状况是一个众所周知的现象，水面的波动、地球的重力均衡现象等等，都是地球重力作用对水体作用的结果，从水波的高低振荡及最终趋于平息的形式看，水波也是一个特殊的弹性波。当把宇宙黑洞背景结构体系温度面与水面的状况进行相似的比较时，关于空间结构的相关运动状况就有了相对直观的形式。很简单，极限低温的引力源作用时刻存在，宇宙黑洞背景体系温度面始终处在向低温方向的回复之中，这个回复的能量状况就是冷能。关于这个冷能，由于它太普遍了，在过去的科学探索中，它没有得到相应的重视，形成了相应的忽视现象，它就是今天现代科学探索上的暗能量。极限低温的引力源作用是冷能的根本起源，这是一个布满整个宇宙空间的能量状况，是宇宙空间一切运动的动力，它也是探索宇宙的关键，只有这个能量方式，能够为无限宇宙的无限运动提供足够的运动动

力。这个动力不是人为想象的，是客观宇宙固有的，人类能够做的就是很好地认识它。当宇宙空间温度产生变化时，就是宇宙黑洞背景结构温度体系温度面产生了上下的振荡，这个振荡现象将在背景温度面上产生扩散，形成相应的波动，这个波动就是光，这就是光的波动现象。关于光的问题，只有从温度面振荡起伏的角度来看待，光的波动现象才能相对直观，无论温度高低如何，温度振荡都在背景温度面上进行的，一切是可见，而温度面以下，则是无法探索的。仍然以水平面为讨论对象，水面的状况是明了的，水下的状况是不可见，因此，水面就是一个分界面，由此，背景温度面就是相应的视界。当温度面成为视界时，在视界上的一切运动现象都必须通过背景温度面上的波动现象——光来传递相应的信息。无论空间温度状况怎样，除了在极限温度处，温度面处在极限位置，温度面上没有产生波动的温度空间，宇宙空间没有光现象，其他的温度状况下，背景温度面都存在相应的温度变化空间，光现象处处存在。没有物质存在的空间，背景温度面是平直的，温度振荡运动使宇宙空间处在冷与热的交替变化中，背景温度面上没有波动现象，没有光，只有冷与热。

3.宇宙的原始物质

宇宙的原始物质——宇宙量子是一个特殊的物质，它是物质的基本组成。宇宙量子极其微小，它的大小与宇宙黑洞点空间相匹配，当不考虑冷却缩聚的基本原理的状况时，宇宙量子呈分散状态，平铺在整个宇宙空间，它随温度的振荡运动，在宇宙黑洞背景结构体系内无阻尼地隐现。当空间温度处于极限低温位置时，宇宙量子全部镶嵌在宇宙黑洞点空间内，相当于宇宙量子在宇宙黑洞背景结构体系内隐身，整个宇宙就是一个冰冷的虚空世界，宇宙空间在此时拥有强大的负能量状况。当空间温度处在极限高温位置时，宇宙量子全部处在宇宙黑洞点空间外时，相当于宇宙量子在宇宙黑洞背景结构体系内现身，宇宙空间充满了离散状态的宇宙量子，整个宇宙空间就是一个炽热的混沌世界，宇宙空间在此时拥有强大的正能量状况。在宇宙空间温度的振荡运动

中，原始物质——宇宙量子是无阻尼地在宇宙黑洞点空间内外来往运动，这个无阻尼的往复运动与空间温度的振荡运动相配合，构成了无限的宇宙运动，这就是宇宙原始物质——宇宙量子的运动状况。

温度振荡、空间结构、宇宙的原始物质是探索宇宙运动的三大要素，虽然存在各自的运动形式，但它们不是独立运动的，它们联合运动，共同演绎着无限的宇宙故事。

三、宇宙运动

宇宙运动的第一主题就是温度的振荡运动，从极限低温强大的负能量状态开始，宇宙空间温度运动状态向高温方向运动，一次性生成足够的、热的、正能量状态，所有隐身在宇宙黑洞点空间内的宇宙量子全面现身在宇宙空间，整个宇宙空间充满着离散状态的宇宙量子，高温、高压、高热，像一个巨大的火炉，宇宙空间处在极限高温状态之中。在形式上，升温过程类似于大爆炸，它发生在无限的宇宙空间，是一个名副其实的宇宙大爆炸，只是升高的温度不是一个无限值，在到达一个极限位置时，升温过程结束。由于宇宙量子是无阻尼跃出宇宙黑洞点空间，因此，升温运动没有具体的运动形式，就是整个宇宙黑洞背景结构温度面从极限低温位置直接上涨到极限高温位置，升温进程无法探索确切的时间间隔。在这个进程中，宇宙空间温度始终处处相等，宇宙空间处在平直的状态之中。在空间温度到达极限高温位置后，温度运动状态将向低温方向运动，现身在宇宙空间的宇宙量子将转向宇宙黑洞点空间内运动。伴随降温的开始，充满在整个宇宙空间的宇宙量子将在降温中产生相应的冷却、缩聚、堆积现象，这个冷却—缩聚—堆积现象发生在未及一次性同时进入宇宙黑洞点空间的剩余宇宙量子间，它伴随降温运动开始。这个现象的产生，首先缩小了宇宙量子向宇宙黑洞点空间内运动的空间范围，直接影响了宇宙量子总体上的隐身时间，它们自身拥有相应的余热，影响了相应空间温度下降的时间进程，当一部分宇宙量子进入宇宙黑洞点空间时，这个空间区域的温度将按正常的降

温进程运动着，而剩余的宇宙量子缩聚堆积占据的空间则无法正常降温。堆积的宇宙量子保留了相应的余热温度，平直的温度面出现了凸起的弯曲现象。在升温运动中，宇宙量子在整个宇宙空间同时现身，而在降温运动中，降温带来的宇宙量子的缩聚堆积现象缩小了宇宙量子隐身运动的空间区域，这种状况随降温进程的推进不断加剧。因此，宇宙空间产生相应的分化现象，一方面，没有宇宙量子存在的空间区域不断扩大，温度不断降低，它们就是现代宇宙存在的天体世界以外的低温空间；另一方面，存在宇宙量子的空间区域，堆积的宇宙量子依然在有限的空间范围内继续进行进入宇宙黑洞点空间的隐身运动。极限低温的引力源作用是降温运动以及宇宙量子隐身运动的根本动力，对空间温度下降来说，引力源的作用没有一个明确的作用形式，对宇宙量子而言，引力源的作用就是一个吸引作用，它吸引宇宙量子进入宇宙黑洞点空间，没入视界内，实现隐身，这就是引力源作用确切的表现形式。在降温进程中，缩聚堆积的宇宙量子将在引力源的作用下，在不断缩小的有限的空间区域内继续隐身运动，直到宇宙量子全部进入宇宙黑洞点空间，再一次在宇宙空间生成极限低温。

在降温进程中，剩余的宇宙量子产生了缩聚堆积，在缩聚堆积的宇宙量子中，部分宇宙量子间产生了相应的组合，它们组成相应的宇宙量子结，这个结就是相应的物质粒子。物质粒子的合成进程取决于相应的温度环境，在空间温度从高温向低温渐进性发展进程中，物质粒子像滚雪球般的不断长大，配合宇宙天体运动体系的生成，在无限的宇宙空间，生成了广泛存在的天体运动体系，如果没有宇宙天体运动体系的生成，无限的宇宙空间将生成一个巨大的物质粒子，但宇宙不是这样运动的。

宇宙运动的第二个主题是物质在有形与无形间的来回变化，对于宇宙量子来说，它极其微小，它与宇宙黑洞点空间的大小相互匹配，它是无阻进出宇宙黑洞点空间的，它在宇宙空间背景上的隐与现没有任何运动形式。无论空间温度的高低如何，在极限低温的引力源作用下，

任何散列的宇宙量子将快速没入宇宙黑洞点空间，在宇宙黑洞背景温度面上消失，它不会对宇宙黑洞背景结构温度面产生任何作用，这就是宇宙量子的无形现象。这种状况也导致了宇宙量子是一个不可探测的基本物质粒子，它也因此成为无法探知的暗物质。伴随宇宙空间降温运动，缩聚堆积的宇宙量子内部，部分宇宙量子间产生了相应的组合，它们生成了大于单一宇宙量子的宇宙量子结，这个结就是相应等级的物质粒子，所有的宇宙量子结——物质粒子都大于单一的宇宙量子，它无法直接进入宇宙黑洞点空间，只能停留在宇宙黑洞背景温度面上，这就是有形的物质。从这个有形的物质生成开始，我们的探索就拥有了明确的对象，它为我们探索宇宙提供了必要的物质基础。从物质粒子生成开始，它就不能直接进入宇宙黑洞点空间，停留在宇宙黑洞背景结构温度面上，成为有形的物质，而物质粒子是在缩聚堆积宇宙量子内部合成的，因此，物质粒子相当于包裹在宇宙量子中，当引力源的吸引作用继续吸引相应空间的宇宙量子时，必然牵动相应的物质粒子，物质粒子因此在宇宙黑洞点空间上产生向内的转动，这个转动现象就是物质粒子的"自旋"。物质粒子的自旋与物质粒子的生成相互伴生，它们同时起源于极限低温的引力源作用。在宇宙空间的降温进程中，剩余的宇宙量子不断缩聚堆积，一方面，不断缩小它的活动空间；另一方面，堆积的宇宙量子不断的结合，生成越来越大的物质粒子。自从物质粒子生成开始，引力源的吸引作用在引起物质粒子自旋的同时，也吸引物质粒子向宇宙黑洞点空间运动。物质粒子虽然不直接进入宇宙黑洞点空间，但吸引作用使它们对宇宙黑洞背景结构温度面产生了相应的撞击作用。这个撞击作用使平直的温度面产生了向低温方向的凹陷，而凹陷的外围必然产生相对的凸起，凸起的外围继续产生相对的凹陷。在极限低温引力源的均衡作用下，这个凸起的温度将向平直的低温方向回复。由此，这个凹陷和凸起在温度面上交替变化，从物质粒子存在的地方向外围扩散开来，在宇宙黑洞背景结构温度面形成了相应的波动。这个波动就是相应的光波，它也是物质粒子成为有形物质的基本条件，它也是物质

粒子与宇宙量子的根本区别。

从宇宙量子缩聚堆积开始，它们保持了相应的余热，它们存在的空间范围内，宇宙黑洞背景结构体系温度面不能正常降温，形成了相对的凸起。而从物质粒子生成开始，它们的撞击又使宇宙黑洞背景结构体系温度面向低温方向产生相应的凹陷，所有的物质同时拥有这两种状况。物质世界的存在由此在平直的空间背景温度面上，形成了相应的热导波包现象。物质粒子是在堆积的宇宙量子内部生成的，宇宙量子的存在对物质粒子具有相应的包裹现象。也就是说，有形的物质粒子间依然拥有大量的宇宙量子，它们使物质粒子拥有了相应的余热。在引力源作用下，宇宙量子进入宇宙黑洞点空间，引起了宇宙量子的减少，除了余热温度相应降低，没有其他的运动现象，这就是相应的降温现象。而当引力源作用在物质粒子本身时，物质粒子一方面自旋，一方面撞击着宇宙黑洞背景结构体系温度面，发出相应的光波，这就形成了物质粒子的运动现象。在宇宙运动的降温进程中，只要相应空间存在足够的宇宙量子，物质粒子的生成将不断发展，它们像滚雪球般长大，一旦相应空间的宇宙量子不能满足散热的需求量时，原先组成物质粒子的宇宙量子将被逐级释放出来，大物质粒子解体，生成次一级的小粒子。如此进行下去，直至相应空间所有宇宙量子全部进入宇宙黑洞点空间，这个空间区域的降温运动进入正常的运动之中。

四、宇宙天体运动体系

宇宙空间温度的振荡运动是宇宙运动的一个主题，物质从有形到无形的变化运动是宇宙运动的另一个主题。在低温引力源作用下，空间温度向极限低温方向回复，宇宙量子向宇宙黑洞点空间内运动。从空间温度的下降开始，剩余的宇宙量子冷却缩聚堆积，有形的物质粒子在堆积的宇宙量子内结合生成，从物质粒子生成开始，物质粒子的自旋运动随之伴生。在宇宙大爆炸发生后的短期内，宇宙空间高温高压，物质粒子种类单一，它们在无限的宇宙空间定向排列，相当于一个无限巨大的

物质粒子团。由于极限温度是一个有限值，它们的能量压力不能企及整个无限的宇宙，只能在一个有限的空间范围内起作用，因此，在有限温度能量的控制下，这个无限巨大的物质粒子团分解成众多有限大小的物质粒子团，配合粒子的自旋运动，在无限的宇宙空间，生成了无数相同的运动体系，这就是宇宙的第一级基本宇宙运动体系。在这里，所有的基本宇宙运动体系在无限宇宙空间均匀分布，基本宇宙运动体系只在各自的空间范围内自行运动，它们互不干涉。从另一个角度看，也许无限的宇宙就是这个基本运动体系的无限组合，它们相互平行。

最初的物质粒子团形成了基本的宇宙运动体系，在这个基本的运动体系中，从运动体系的中心到边缘，所有的粒子围绕一个中心进行旋转运动，这是引力源作用的结果。在降温进程中，从第一代粒子生成开始，这个转动现象就随之伴生，直到所有宇宙量子全部进入宇宙黑洞点空间，极限低温生成，转动现象消失，它贯穿整个宇宙运动周期。在第一级宇宙基本运动体系内，降温运动使这个宇宙量子和粒子集合体在整体上进一步缩小，而新一代的物质粒子也在降温进程中产生。在基本宇宙运动体系内，由于从中心到边缘部位，同样的粒子存在不同的运动速度，它们拥有了不完全相同的惯性力量，新一代物质粒子的生成将因此出现相对的差异。在空间温度能量的控制下，同种或者特性相近的粒子在空间继续定向排列，形成了众多相应的粒子集合体，配合粒子的自旋。基本的宇宙运动体系分解成众多的第二级宇宙运动体系，这些第二级运动体系除了自身的旋转运动外，都保留了第一级基本运动体系内的运动状态，形成了相应的公转和自转。随着降温进程的推进，在第二级运动体系内，新一代粒子继续生成，与第二级运动体系生成相似，第三级运动体系在第二级运动体系内产生，从第二级运动的中心到边缘，第二级运动体系分化成众多的第三运动体系。随着降温进程的渐进性发展，宇宙运动体系逐级生成，直到单个天体运动体系的生成，作为宇宙天体运动体系的生成运动结束，宇宙空间剩余的所有宇宙量子和已经生成的物质粒子都聚集成单个的天体。运动体系的建立是

基于物质粒子的差异,这个最初差异在降温进程中随运动体系的分级建立逐步扩大,它带来了今天宇宙空间多彩的物质世界。

五、共性

伴随宇宙运动体系的建立,堆积的宇宙量子及相应的物质,它们不断地缩小占据的空间区域,释放出了相应的空间。在引力源作用下,没有物质存在的空间,温度快速下降,天体世界就成为包裹在低温空间的热源,当引力源作用继续吸引宇宙量子进入宇宙黑洞点空间时,就形成了宇宙物质世界的散热降温和能量耗散运动。它就是今天宇宙空间物质世界普遍存在的共性现象,这个共性现象就是本人认识宇宙世界的基本出发点,从这个共性现象出发,本人一步步深入,直到形成现在的宇宙认识,详细具体情形在此不作讨论。

本书的宇宙探索是宇宙运动的一个基本认识,由极限低温引力源引起的散热降温与能量耗散是现代宇宙空间物质世界存在的一个共性现象,散热降温与能量耗散为物质世界的一切活动提供足够的动力,从微观物质粒子的自旋到宏观的天体世界的运动都是从散热降温与能量耗散的进程中得到相应的动力。人类居住的地球是茫茫宇宙空间众多天体中的一个普通星球,它的一切演化活动都围绕着散热降温和能量耗散为主题进行着自身的演化活动,直到人类的产生,才赋予了地球特殊的意义。人类为了更好地适应自身的生存环境,这才开始了宇宙的探索活动。本书就是笔者对宇宙的简单认识,对现代科学的宇宙探索来说,是否具有一定的参考价值,盼望得到广大科学探索者的指点。